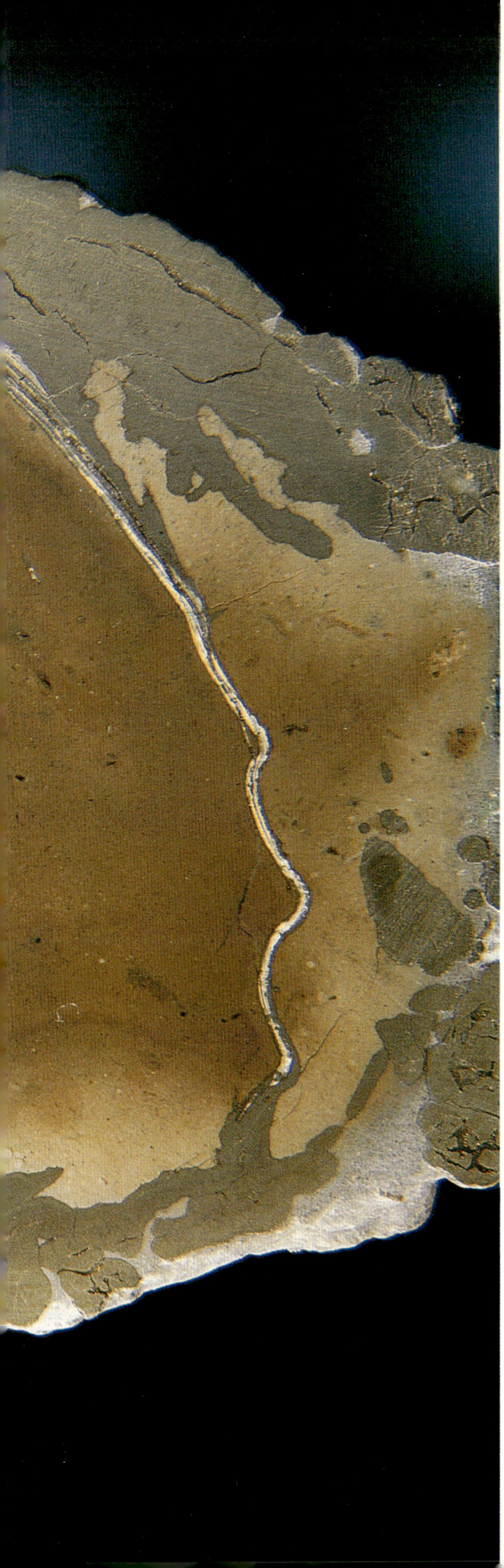

kosmos

Gerhard Lichter

Fossilien

bergen, präparieren, ausstellen

Geräte und Techniken

Franckh-Kosmos

Mit 210 Farbfotos vom Verfasser und 39 Zeichnungen von Helga und Hans Bröker nach Vorlagen des Verfassers (37), Andreas Dauenhauer (2) sowie 7 Tabellen

Umschlaggestaltung: Kaselow Design, München
Die Umschlagvorderseite zeigt *Pleurotomaria armata* (6 cm) Jura-Bajoc, vor und nach der Präparation. Fundort: Bayeux, Frankreich. Foto: Gerhard Lichter
Umschlagrückseite: Der Autor beim Bergen eines Ammoniten (*Prorsisphinctes*); Foto: Rudi Laqua, und *Prorsisphinctes pseudomartinsi* (SIEMIRADSKI) in Schalenerhaltung (23 cm), Jura-Bajoc. Fundort: Bayeux, Frankreich; Foto: Gerhard Lichter.

CIP-Kurztitelaufnahme der Deutschen Bibliothek

Lichter, Gerhard:
Fossilien bergen, präparieren, ausstellen : Geräte u. Techniken / Gerhard Lichter. [Mit 210 Farbfotos vom Verf. u. 39 Zeichn. von Helga u. Hans Bröker nach Vorlagen d. Verf., Andreas Dauenhauer]. – 3. Aufl. – Stuttgart : Franckh-Kosmos, 1991.
(Kosmos-Handbücher für die praktische naturwissenschaftliche Arbeit)
ISBN 3-440-05678-3

3. Auflage, 1991

Printed in Germany / Imprimé en Allemagne
L 10 Sk H He
ISBN 3-440-05678-3
Satz: G. Müller, Heilbronn
Herstellung: Sellier-Druck, Freising

Bild Seite 1:
Im landschaftlich reizvollen Altmühltal mit seinen aus Juraschwammresten bestehenden Schwammstotzen – hier bei Dollnstein – findet der Fossilienfreund ein ideales Sammelrevier.

Bild Seite 2:
Vor 180 Millionen Jahren im Schlamm des Jurameeres eingebettet: Ein aufgesägtes, versteinertes Ammonitengehäuse von *Pleuroceras* (9 cm). Die Schalenreste sind pyritisiert, die Kammern mit Kalzitkristallen ausgefüllt.

Fossilien bergen, präparieren, ausstellen

Verzeichnis der Abbildungen und Tabellen

Abbildungen

Tabellen

Geleitwort

Auf vielen Exkursionen, die ich zusammen mit Gerhard Lichter durch den Schwäbischen Jura gemacht habe, und bei den Unterhaltungen und Gesprächen während dieser Exkursionen hat sich dessen Interesse an den Fragen der Erd-und Landschaftsgeschichte und der Fossilien zu einem immer tieferen Verständnis für diese Fragen und zu einer zunehmenden Liebe zu der vielfältigen Welt der Fossilien und Mineralien gewandelt. Das aber beschränkte sich, von Anfang an, nicht auf das nur passive Anschauen, sondern suchte in aktiver Auseinandersetzung mit der Materie den Dingen auf den Grund zu kommen. Und es blieb auch nicht dabei, nur mitzunehmen, was dem sammelnden Eifer am Wege sich bot, sondern es wurde versucht, systematisch den Fossilinhalt zunächst der einzelnen Stufen des Jura zu erfassen, sodann auch, von den Erfahrungen des Jura ausgehend, die Kreise weiterzuspannen in andere Formationen und Gebiete.

Die Fossilienschätze, die in wenigen Jahren zu einer vielseitigen und reichhaltigen Sammlung anwuchsen, blieben nicht einfach magaziniert. Mit großer Liebe, mit viel Geduld und mit einem guten Einfühlungsvermögen wurden die gesammelten Fossilien aus ihrer Gesteinshülle herausgearbeitet, die Bruchstücke zusammengefügt und, sofern der Erhaltungszustand dies erforderte, einer konservierenden Behandlung unterworfen.

Mit stetig sich mehrender Erfahrung wurden den jeweiligen Bedingungen der verschiedenen Formationen und Gesteine entsprechende Methoden des Sammelns und Bergens von Fossilien vor Ort entwickelt und ebenso Methoden der Präparation und Konservierung erarbeitet, die auf die Eigenheiten der verschiedenen, die Fossilien einschließenden Gesteine und auf die wechselnden Erhaltungszustände der Fossilien sachgerecht abgestellt sind. Aus dem gesammelten Rohmaterial erwuchsen mit immer besseren Ergebnissen in einer unermüdlich geduldigen Arbeit schöne, nicht nur das Auge erfreuende, sondern auch für die wissenschaftliche Untersuchung wertvolle Sammlungs- und Musterstücke.

Das Interesse an der Erd- und Landschaftsgeschichte, an der Welt der Fossilien und Mineralien nimmt stetig zu. Der Kreis der Freunde der Fossilien und Mineralien wird immer größer. Aber wer hier tiefer eindringen will, sieht sich zunächst doch einem etwas spröden Stoff gegenüber, an dem der Anfänger leicht verzagen mag. So ist es außerordentlich dankenswert, wenn der Verfasser dieses Buches, der sich als reiner Autodidakt in diese Materie hineingearbeitet hat, alle Anfangsschwierigkeiten überwindend, sich Zeit und Mühe genommen hat, die Erfahrungen und Erkenntnisse, die er beim Sammeln und Bergen, beim Präparieren und Konservieren der Fossilien gewonnen hat, zusammenfassend darzustellen. Den vielen Freunden der Fossilien ist damit ein Wegweiser an die Hand gegeben, der es ihnen erleichtert, in diese Welt der irdischen Vorzeit einzudringen.

Ich wünsche dem Buch einen guten Weg und viel Erfolg!

Karl Beurlen †

Mit Wort und Bild will dieses Werk vor allem dem Laien den Weg vom Fossilienfreund zum Fossiliensammler erleichtern. Es ist der Erfahrungsbericht eines Fossiliensammlers, der das Glück hatte, Verständnis in der Familie, rechtzeitig fachliche Hilfe, gute gleichgesinnte Freunde und zunächst sehr alte „lesbare“ und später dann hervorragende moderne Fachliteratur zu finden.

So stammen auch alle gezeigten Fundstücke aus der eigenen Sammlung. Sie wurden, mit Ausnahme weniger Tauschstücke, selbst gefunden.

Jedes Fossil ist so gut wie seine Präparation, deshalb werden dafür viele einfache, erprobte und nützliche Tips und Verfahren vorgestellt. Es mag und wird noch manche hier nicht genannte Erleichterung zum Präparieren geben, die der Verfasser dankbar erproben würde.

Durch die Aufgliederung des Themas Präparation gemäß den Fossilfunden in auch von Laien zu unterscheidenden Gesteinsarten, wie z. B. harte, weiche, plattige Schichten, lassen sich die Erfahrungsbeispiele auch auf Ablagerungen anderer, nicht unmittelbar angesprochener geologischer Formationen übertragen. Der Leser findet wesentliche Aussagen, z. B. über verschiedenartige Versteinerungsmöglichkeiten, über Fossilien in unterschiedlichen Gesteinsarten, aber auch über nützliche Geräte und deren Anwendung durch Fotos und Abbildungen belegt. Manche Einzelheiten der Lebensbilder von Tieren und Pflanzen aus Urzeiten sind heute noch verborgen, ungelöst oder nicht allgemein bekannt. Die Abbildungen von Lebensbildern können deshalb nur einen ungefähren Eindruck von der Gestalt urzeitlicher Lebewesen vermitteln.

Dem leichteren Verständnis dienen vereinfachte Darstellung und weitgehend fachwortfreie Formulierung.

Verweise im Text auf Tabellen, Abbildungen, Tafeln und Fotos fördern die angestrebte Harmonie zwischen inhaltlicher Aussage und bildhafter Information und damit den didaktischen Wert.

So findet man durch die in Klammern kursiv gesetzten Zahlen, z. B. (*15 – 5*) die entsprechende Tafel 15 und das Foto Nr. 5.

Ich danke Herrn Professor Dr. Karl Beurlen, der mir seinen fachlichen Rat gab, mein Manuskript las und das Geleitwort schrieb. Dem Verlag bin ich für verständnisvolle Hilfe und die Ausgestaltung des Buches dankbar.

Gerhard Lichter

Tafel 1

In einem Aufschluß im Altmühltal beginnt nach dem Freilegen der Schichten die Fossiliensuche.

Einleitung

Der Fossiliensammler und sein Revier

Zum Fossiliensammler wird man nicht geboren – irgendeine „Begegnung“ führt hin zu den Resten urzeitlichen Geschehens – früher oder später. Vielleicht hebt er, das Neutrum Fossiliensammler, anfangs nur aus Spaß und Freude an der ungewöhnlichen Gesteinsform ein Fossil auf, wird neugierig und sucht schließlich die Deutung für solch besondere Formen. Je tiefer er eindringt in das Wissen um jenen aus unvorstellbar weit zurückliegender Erdzeit stammenden fossilen, d. h. ausgegrabenen Rest, um so mehr mag er der Faszination verfallen, die von diesem Rest und seiner Geschichte ausgeht. Er wird ergründen, warum die Landschaft um ihn herum so und nicht anders geformt ist, welche Steine unter der Decke von Vegetation und Bodenkrume liegen und wie sie aussehen. An einer steilen Böschung, im tiefen Bachriß, beim Haus- und Straßenbau werden sonst nicht sichtbare Schichten aufgeschlossen.

In kristallinen, aus dem Magma entstandenen oder unter den hohen Drucken und Temperaturen der tieferen Erdkruste umkristallisierten Gesteinen kann der Fossiliensammler keine Versteinerungen erwarten. Nur in Absatz- oder Sedimentgesteinen kann er mit Resten der Pflanzenwelt (Flora) oder Tierwelt (Fauna) lang vergangener Zeiten rechnen. Und dann auch nur, wenn diese Reste unter günstigen Bedingungen z. B. in den Ablagerungen eines urzeitlichen Meeres schnell eingebettet wurden. Fossilien aus früheren Landgebieten treten meist nur örtlich begrenzt auf, z. B. dort, wo seinerzeit ein Seengebiet war, wohin durch Wässer mitunter viele Organismenreste zusammengeschwemmt wurden. Typische Beispiele dafür sind die Funde im Braunkohlengebiet des Geiseltals bei Halle und die einmalig gut erhaltenen Fossilien aus dem Messeler Ölschiefer bei Darmstadt.

Der Fossiliensammler braucht Geduld und Ausdauer. Und er braucht Erfahrung, viel Erfahrung, um schon an kleinen Anzeichen im Gestein Fossilien zu entdecken: Nur selten liegt eine Versteinerung in makelloser Schönheit im Aufschluß herum.

Bei Großbaustellen, z. B. für Straßen oder für Staubecken, nach der Frostperiode an Bachrändern und steilen Hängen, bei alten oder frischen Bergrutschen oder im Aushub für Neubauten auf fossilreichen Schichten findet der Sammler vergleichsweise schnell

Tafel 2

1	4
2	5
3	6

1 Dendriten aus Manganoxid, Malachit und Azurit aus dem Muschelkalk von Altenmittlau, Hessen; Stufe 7 cm groß.

2 Schwarze Dendriten aus Manganoxid auf einem Ammoniten (*Glochiceras,* 2,5 cm) aus dem Kimmeridgium (Malm Gamma) von Geisingen/Donau.

3 Stylolithen, holzähnliche Strukturen im Kalkgestein, hier aus dem Muschelkalk von Haigerloch, Württemberg.

4 Rotbraune, hier 5 cm große Dendriten, moosähnliche Eisenoxid-Ausscheidungen auf einem Plattenkalkstück von Solnhofen.

5 Rippelmarken auf einer 14 cm großen Schichtoberfläche im Angulatensandstein des Hettangium (Lias Alpha 2) aus der Gegend von Schwäbisch Gmünd.

6 „Seegrasschiefer“ aus dem Toarcium (Lias Epsilon) der Schwäbischen Alb (Höhe 11 cm). Was wie Stengel aussieht, sind Grabgänge von Würmern.

oft verschiedenartige Fossilien. Im Aufschluß konzentriert er sich darauf, geeignete Fundstücke zu entdecken, schlägt sie mit seinem Hammer nur auf handliche, d.h. tragbare Größe zu, möglichst ohne dabei das Fossil zu zerbrechen. Doch da Steine recht eigenwillig spalten, wird er bald lernen, auch zusammenpassende Fossilstücke sorgfältig einzupacken. Eine Notiz mit Bleistift bzw. anderen, nicht wasserlöslichen Stiften über Fundort und Fundschicht legt er dazu. Denn dann kann er, wenn er abends müde nach Hause kommt, seine Funde unbesorgt zur Seite legen und am nächsten Regentag oder vielleicht erst im Winter wieder auspacken.

Pseudofossilien und fossile Spuren

Verunsichert durch viele Anzeichen möglicher Versteinerungen im Aufschluß mag es manchem Anfänger ergehen wie mir bei meiner ersten Fossilsuche. Allein auf weiter Flur klopfte ich während einer Reisepause fast 2 Stunden in Tonschichten herum. Ich fand kleine Pyritbröckchen und eingebettet im Ton große fischförmige, harte Steine, die ich stolz und gut verpackt nach Hause brachte. Ein Stuttgarter Geologe, den ich um seine Begutachtung meiner „Fossilien" bat, schrieb mir, daß es sich um Konkretionen, um Phosphoritknollen, handele.
Seinen Hinweis gab ich inzwischen mehrfach weiter – mit dem gleichen sachlichen Ernst, wie ihn Professor Beurlen bei einer Fossilbeurteilung in seine Stimme legte, als er nach sorgfältiger Prüfung eines Fundstükkes äußerte: „Das hier ist ein Geröllchen..." – Immerhin!
So haben meine Phosphoritknollen einen Platz in meiner Sammlung bekommen. Natürlich finden sich auch andere Schein- oder Pseudofossilien darin. So sind die holzähnlichen Strukturen in Kalkformationen (*2 – 3*) wohl durch Absacken von Sedimenten zu Beginn der Diagenese, der Gesteinsbildung, oder durch spätere Lösungsvorgänge entstanden.
Die beliebten „Bäumchen", „Blumen" oder „Moose" findet man in besonders schöner Ausbildung im Solnhofener Plattenkalk (*2 – 4*). Sie können aber natürlich auch woanders vorkommen: auf einem kleinen Ammoniten (*2 – 2*), aber auch in kristallinen Gesteinen oder auf Mineralien, wie auf einem Stück Baryt mit Flußspat (*2 – 1*) oder auf Muschelkalkstein. Es sind meist in Spalten eingesickerte und dort auskristallisierte Lösungen von Eisenoxid (rotbraun) oder von Manganoxiden (schwarz), die diese bizarrhübschen, pflanzenähnlichen „Dendriten" bilden.
Versteinerte Wellensande und Rippelmarken (*2 – 5*) geben immerhin schon ein fossiles Abbild von Flugsand oder feinsandigem Meeresufer. Die Rippelmarken lassen auf ruhiges Wasser bei etwas Windeinfluß vor Jahrmillionen schließen. Fein oder gröber verästelte Strukturen in Tonschichten des Schwarzen Jura werden als Grabgänge von schlammfressenden oder schlammgrabenden Organismen gedeutet (*2 – 6*). Die riesigen Fußabdrücke aus der Jurazeit lassen sich zuverlässig den Dinosauriern (*siehe Seite 92f.*) zuordnen (*3 – 1*).

Tafel 3

1 Dreizeherfährte von *Megalosauropus teutonias* (Riesendinosaurier, siehe auch Seite 92 f.) (60 cm Durchmesser) und elefantenfußartige Trittsiegel eines Sauropoden aus dem Malm (Kimmeridgium) von Barkhausen im Wiehengebirge.
2 Ruhespuren (3 cm) von Schlangensternen (*Asteriatites lumbricalis* SCHLOTHEIM) aus dem Angulatensandstein des Hettangium (Lias Alpha 2) von Frankenhofen, Württemberg.
3 - 5 *Dactylioceras*, ein Ammonit aus dem Toarcium (Lias Epsilon) in verschiedenen Erhaltungsformen: 3 verkalkt und körperlich erhalten aus der Gegend von Forchheim (8 cm); 4 plattgedrückt, verkiest aus dem Posidonienschiefer von Holzmaden (11 cm); 5 plattgedrückt, mit kreidig umgewandelter Schale vom Hesselberg, Fränkischer Jura (8 cm).

Auch im feinen Sand blieben Spuren erhalten von wohl wurmartigen Lebewesen und sehr eindrucksvoll von kleinen Schlangensternen. Die Hohlspuren der kriechenden Tiere und die Liegehohlräume der Schlangensterne füllten sich mit jetzt verfestigtem Sand aus.

Abb. 1: Fossilerhaltung am Beispiel einer Muschel: 1 Muschel mit Schnittlinie; 2 Kristalldruse; 3 Wasserwaage; 4 Fossilhohlraum mit Abdruck; 5 Schalenerhaltung mit Steinkern; 6 Steinkern; 7 Prägeabdruck; 8 Schalenhohlraum mit Steinkern und Abdruck; 9 Prägesteinkern.

Wenn Lebensreste versteinern: die Fossilisation

Die in Urzeiten abgelagerten Sedimente erlebten einen Millionen von Jahren währenden Alterungsprozeß: aus tonigem Material wurde Schieferton, aus Kalkschlamm Kalkgestein und aus Sand Sandstein. Diese geologische Umwandlung (Diagenese) mußten die eingebetteten Organismenreste zwangsläufig mitmachen. Ihre Fossilisation, der Fossilisationsprozeß, dauert fortwährend, d.h. bis zum heutigen Tage, an.
Was dabei herauskam, richtete sich zwangsläufig nach der Beschaffenheit der jeweiligen

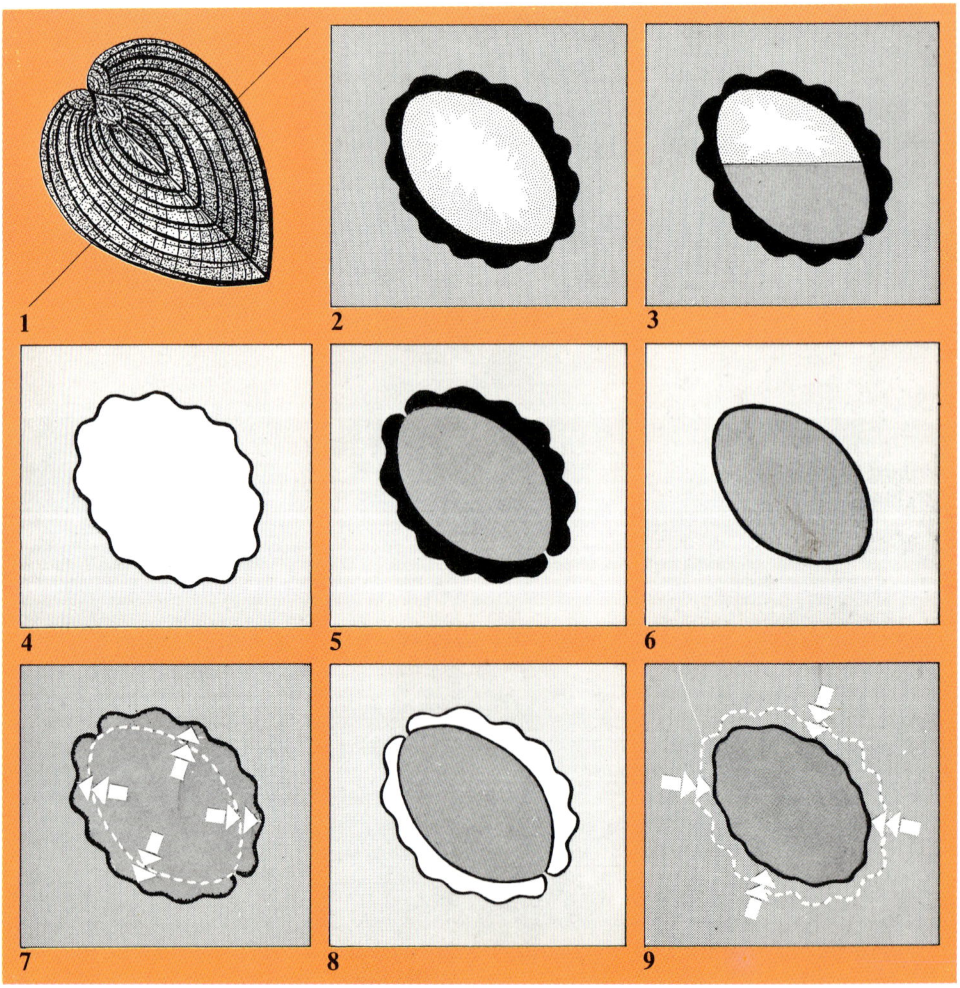

Die Erdzeitalter

Zeitalter (Ära)	Mio Jahre	System	Abteilung	Stufe
Erdneuzeit (Känozoikum)		*Quartär*		siehe spezielle Übersicht
	2	*Tertiär*	Jungtertiär	
			Alttertiär	
Erdmittelalter (Mesozoikum)	65	*Kreide*	Oberkreide	siehe spezielle Übersicht
			Unterkreide	
	137	*Jura*	Malm (Oberjura)	siehe spezielle Übersicht
			Dogger (Mitteljura)	
			Lias (Unterjura)	
	195	*Trias*	Keuper (Obertrias)	
			Muschelkalk (Mitteltrias)	
			Buntsandstein (Untertrias)	
Erdaltertum (Paläozoikum)	225	*Perm*	Zechstein (Oberperm)	
			Rotliegendes (Unterperm)	
	280	*Karbon*	Oberkarbon	Stephan Westfal Namur
			Unterkarbon	Visé Tournai
	345	*Devon*	Oberdevon	Wocklum, Dasberg, Hemberg, Nehden } Famenne Adorf (Frasne)
			Mitteldevon	Givet Eifel
			Unterdevon	Ems Siegen Gedinne
	395	*Silur*	Ludlow (Obersilur)	
			Wenlock (Mittelsilur)	
			Llandover (Untersilur)	
	440	*Ordovizium*		Ashgill Caradoc Llandeilo Llanvirn Arenig Tremadoc
	500	*Kambrium*	Oberkambrium	
			Mittelkambrium	
			Unterkambrium	
	570	*Präkambrium*		

Organismenreste, den Einbettungsbedingungen sowie den bei der Umwandlung zum Gestein sich abspielenden Vorgängen. So können gleichartige Lebewesen unter verschiedenen Fossilisationsbedingungen unterschiedlich fossilisiert werden. Die jurazeitlichen Ammoniten des Unteren Toarcium (Lias Epsilon) geben mit drei unterschiedlichen Erhaltungszuständen dafür ein typisches Beispiel: als körperlich erhaltene, kalzitisierte Ammoniten (*3 – 3*), als blattdünn gepreßte, pyritisierte Reste im Posidonienschiefer (*3 – 4*) und als kreidige Zeichnung auf dunklen Tonplatten (*3 – 5*).
Durch Verwesung in der Luft bzw. bei reichlicherer Sauerstoffzufuhr, durch Fäulnis bei geringem Sauerstoffangebot mit Kohlenwasserstoff- und Bitumen-, d. h. Erdölbildung, werden die Weichteile der Organismen sehr rasch zerstört, während die Hartteile z. B. durch Zerreiben, Zerbrechen oder Auflösen nur langsam angegriffen werden und sich daher leichter erhalten.
Sauerkalkquellen, wie z. B. im Bäratal oder bei Gutmadingen in der westlichen Schwäbischen Alb, führen mitunter hochkonzentrierte Kalklösungen mit sich. Der Kalk schlägt sich als Kalksinter nieder und kann daher schon in Stunden Lebensreste, wie z. B. Blätter, einschließen. Ihre Abdrücke sind Belegstücke für einen aktuellen Fossilisationsvorgang (*4 – 1*).
Weiche Körperteile oder Organismen ohne Hartteile wie z. B. Würmer findet man kaum als Fossilien, allenfalls ihre Grabgänge (*2 – 6*) oder ihre Kriechspuren. Von den hartteilbildenden Lebewesen liegen als Fossil normalerweise nur deren Hartteile vor.
Der Fossiliensammler lernt die Vielfalt der Fossilisationsvarianten (*Abb. 1, Seite 14*) am besten durch praktische Erfahrungen kennen. In jüngeren und in sandigen Ablagerungen bleibt ein Fossilrest oft mit seiner ursprünglichen Schale erhalten, wie die Schneckenschale im miozänen Mergel, deren Inneres sich mit Schlamm füllte (*4 – 2*). Aragonitische Schalen lösen sich oft auf oder wandeln sich in beständigere, nicht so leicht lösliche kalzitische Schalen um (*4 – 3*). Sowohl bei Schalen, die im ursprünglichen Zustand erhalten, wie auch bei solchen, die umkristallisiert sind, spricht man von „Schalenerhaltung“. In tonigen Schichten bilden sich bei der Umkristallisation häufig kreidige Schalen (*4 – 4*). Füllt sich der Innenraum von Schalen bei der Einbettung mit Sediment, dann bleibt diese Füllung nach Auflösen oder nach Abfallen der Schalen als Steinkern zurück (*4 – 5*). Schlamm, Ton oder Sand konnten aber nicht immer das Innere von eingebetteten Schalen ausfüllen. So blieben häufig Hohlräume zurück, die sich während der Fossilisation als Kristalldrusen ausbildeten. Zufällig aufgebrochen oder aufgesägt zeigen Muscheln, Belemniten, Ammoniten und andere Fossilien herrliche Kristallbildungen (*5 – 1, 2*). Nur zum Teil gefüllte Schalenhohlräume geben oft genauen Hinweis über die Lage des Tierrestes bei der Einbettung. Die Oberfläche des damals noch nicht verfestigten Sediments, Schlamm z. B., stellte sich auf die seinerzeitige Horizontale ein. Versteinert findet man die ehemalige Horizontale als „Wasserwaage“ beispielsweise bei Ammoniten, Brachiopoden oder Seeigeln (*5 – 3*).

Tafel 4

1 Abdrücke von Buchenblättern (6 cm) aus dem rezenten Sinterkalk bei Bärental, Schwäbische Alb.
2 *Coretus cornu* (BROGNIART) (3 cm) in Schalenerhaltung aus der Oberen Süßwassermolasse bei Zwiefalten, Schwäbische Alb.
3 *Plagiostoma gigantea* aus dem Sinemurium (Lias Alpha 3), eine Muschel mit 6 mm dicker, kalzitisch umkristallisierter Schale, die im abgebrochenen Teil den Steinkern zeigt.
4 *Pleuroceras spinatum* (BRUGIERE) (5 cm) aus dem Pliensbachium (Lias Delta) von Unterstürmig, Fränkischer Jura; körperlich erhalten mit kreidig umgewandelter Schale.
5 Steinkern (7 cm) von *Diceras*, einer sehr dickschaligen Muschel, aus dem Tithonium (Malm Zeta) von Großmehring.

Löst sich die Schale während der Fossilisation auf, so bleibt mitunter z. B. das Innere eines Schneckengehäuses als ausgegossener Steinkern und über dem Hohlraum der Schale dem Gestein eingeprägt der Fossilabdruck zurück. Auch ohne Steinkern gibt es ihn (*6–1*). Gießt man diesen Fossilabdruck mit einer plastischen Masse aus, dann erhält man eine Nachbildung des Fossils (*siehe auch Seite 133 und Foto unten:* Hohlform und Ausguß. *Manticoceras intumescens.* Oberes Devon Prümer Mulde. 5,5 cm).

Löst sich die Schale sehr langsam auf, kann sich ihre Außenform, d. h. ihre Skulptur, auf den Steinkern aufprägen. Von Muscheln, Ammoniten und anderen dünnschaligen Organismen werden diese Prägekerne bzw. Skulptursteinkerne häufig gefunden (*6–2*). Umgekehrt kann auch die Innenseite einer Schale auf den Abdruck geprägt werden; dann entsteht ein Prägeabdruck (*6–3*). Bei dünnschaligen Lebewesen können Steinkern und Prägesteinkern fast identisch sein, z. B. bei manchen Ammoniten.

Viele chemische und physikalische Einflüsse wirken auf Organismenreste ein, ehe wir sie als Fossilien finden. So bleiben ihre Hartteile zwar in der Form, aber nicht in der ursprünglichen Substanz erhalten. Hatten diese Hartteile eine organische Grundlage, wie z. B. die chitinösen Hartteile der Trilobiten oder Insekten, wurden sie mineralisiert.

Wichtig ist für den Fossiliensammler z. B. die Kalzitisierung, das ist grob gesagt die Verkalkung durch Kalzit. Bei der Dolomitisierung, wie sie in den Riffkalken vorkommt, lösen sich die Fossilstrukturen völlig auf; es wandelt sich Kalk ($CaCO_3$) zum Kalkmagnesiumdoppelsalz ($CaMg(CO_3)_2$) um. Durch Silifizierung oder Verkieselung wurden nicht nur kieselsäureenthaltende Fossilien in der Form hervorragend konserviert. So löste sich wahrscheinlich auch Kieselsäure aus den Kieselschwammschichten des Oberen Jura und wurde durch Kalk, d. h. Kalziumkarbonat, ersetzt. Die typischen Schwammstotzen der Juralandschaften bestehen daraus. Muscheln, Brachiopoden und andere Fossilien nahmen dann gelöste Kieselsäure auf (*7–2*) (*siehe Seite 44*). Silifiziert, also verkieselt, wurden wohl auf gleiche Weise die Flintseeigel aus der Kreidezeit (*6–4*). Die Kieselsäure bildete dort auch den amorphen, d. h. nicht kristallinen Feuerstein.

Begeistert sammeln Fossilienfreunde die goldglänzenden, pyritisierten Fossilien. Bei der Pyritisierung oder Verkiesung, die häufig in tonigen Sedimenten auftritt, reagierte meist schon im frischen Sediment Schwefelwasserstoff mit Eisen. Es entstand der harte Pyrit (Eisenbisulfid, FeS_2), in der wohl weni-

Tafel 5

1	2
3	

1 Kristalldruse (9 cm) im Hohlraum einer Muschelschale von *Ctenostreon pectiniformis* (SCHLOTHEIM) aus dem Bajocium (Dogger Delta) vom Wartenberg, Donau.
2 Mit verschiedenartigen Kristallen ausgefüllte, 6 cm große Ammonitenkammer aus dem Oberen Dogger des Wiehengebirges.
3 Wasserwaage in Seeigel (5 cm), *Echinolampas kleini* (GOLDFUSS) aus dem Oberen Oligozän von Doberg/Bünde.

ger stabilen Kristallform auch Markasit genannt. Der schnelle Ersatz organischer Verbindungen durch Vererzung (Pyrit) überlieferte sehr schön aussehende, körperlich erhaltene Fossilien (*13 – 5*) (*siehe Seite 30*).
Tonige und tonig-mergelige Ablagerungen enthalten zunächst viel Wasser, das sie dann bei der Verfestigung allmählich abgeben. Sie werden mit allem, was sie enthalten, oft bis auf ein Zehntel oder sogar ein Zwanzigstel der ursprünglichen Schichtdicke zusammengepreßt. Dieser Vorgang wird als pelomorphe Verdrückung oder Pelomorphose bezeichnet. Dabei wurden auch die eingelagerten Fossilien gedehnt, zerbrochen oder papierdünn gepreßt. Typisch dafür sind die Holzmadener Posidonienschiefer im Toarcium des Schwarzen Jura oder Lias Epsilon (*26 – 1, 2, 3*) (*siehe auch Seite 48*).
Bei oder nach ihrer Einbettung werden Organismenreste und auch bereits fossilisierte Teile verändert, deformiert. Ein verbogener Belemnit (*6 – 5*) oder ein zerquetschter Ammonit können solche Deformationen anzeigen. Weit stärker aber werden Fossilien von gebirgsbildenden Vorgängen verzerrt und oft bruchlos verändert. Der in den Alpen in 2000 m Höhe gefundene Ammonit aus dem Unteren Schwarzen Jura (Lias) ist mit seiner tektonischen Verdrückung noch gut weggekommen (*8 – 1*). Auf diese Art stark verformte Fossilien sind schwierig zu bestimmen.
Feste Gesteinsknollen im an sich weicheren Sediment findet der Fossiliensammler fast überall. Er sollte sie nicht übersehen, denn derartige Konkretionen entstehen oft um Fossilreste. Je nach Sediment kann er typische Konkretionen z.B. aus Kalk, Toneisenstein, Schwefelkies, Phosphorit oder Feuerstein finden (*siehe auch Seite 56 und Tafeln 30 – 33*).
Leider zeigen Fossilien nur selten die ursprüngliche Farbe des Tier- oder Pflanzenrestes. Dafür beeindrucken sie durch unterschiedliche Formen, Farben und Materialien: pyritisiert, messingfarben und kupfergolden, die Schalen aus weißer Kreide oder aus kristallinem Kalk in vielen Varianten, heller oder dunkler. Fast Ton in Ton mit dem umgebenden Sediment einerseits, bilden sie in anderen Schichten überraschende Kontraste und Farbspiele. Schauen wir uns doch gelbe, weiße, rote, braune oder schwarze Pflanzenreste an, auf grauem, gelbem, rotem, weißem Gestein. Betrachten wir die fossilen Fische in weiß, schwarz oder braun.
Die Schuppen des 50 Millionen Jahre alten Krokodilfisches sprechen mit ihrer Form, Feinzeichnung und fossilen Farbharmonie für sich (*7 – 1*). Manche Ammoniten schillern wie Opale, weil sie die Außenschicht ihrer Schale verloren und Teile der Perlmuttschicht am Steinkern behielten. Der Ammonit *Leioceras opalinum* verdankt der Opaleszenz seinen Namen (*7 – 3*). Auch kleine kalzitisierte Ammoniten von Solnhofener Plattenkalkhalden schillern mitunter im Sonnenlicht in allen Farben.

Tafel 6

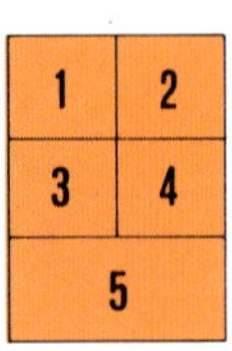

1 Hohlraum der Koralle *Stylina* (5 cm) aus dem Tithonium (Malm Zeta) von Laisacker, Fränkischer Jura.
2 Prägesteinkern (5 cm) einer Pectenart aus dem Kimmeridgium (Malm Delta) von Biburg, Fränkischer Jura.
3 Prägeabdruck einer 5 cm großen Arcamuschel aus der Oberen Meeresmolasse von Ursendorf, Oberschwaben.
4 Flintseeigel (7 cm) der Oberkreide in amorphem Feuerstein von der Insel Möen.
5 Deformierter Belemnit (12 cm) aus dem Mittleren Lias der westlichen Schwäbischen Alb.

Sammeln und Präparieren

Die ersten Schritte auf dem Weg zum Fossiliensammler macht man am besten unter Anleitung eines geübten Sammlers. Einführungskurse und Gruppenexkursionen bieten Grundwissen und vermitteln Kontakt. Dafür und für weitere Sammelaktionen besorgt man sich zuvor – soweit vorhanden – Fachliteratur, z. B. einen „Geologischen Führer" für das Gebiet und eine Landkarte, am besten im Maßstab 1:25 000, die auch Einzelheiten im Gelände zeigt. Von manchen Gebieten gibt es sogar geologische Karten, bei denen die unter der Pflanzendecke liegenden Schichten eingezeichnet sind.

Fossilien aus weichen Schichten

Fossilien im Sand

Gut beraten und glücklich zu preisen ist der Fossiliensammler, dem es gelingt, seine Familie für seine Steine und für das Suchen und Sammeln von Versteinerungen zu gewinnen. Fundstellen im noch lockeren tertiären Sand eignen sich bestens dafür. In Sandgruben in der Oberen Meeresmolasse in Oberschwaben z. B. finden sich ungefährliche Stellen, wo man nach den meist kleinen Fossilien suchen kann. Vor allem Kinder werden begeistert „sandeln" und über jeden gefundenen Haifischzahn jubeln (*8 – 2*). Nach Regen entdeckt man die glänzenden Haifischzähne am besten und kann schon nach kurzer Zeit eine Handvoll davon vorweisen (*9 – 1*).

Haifischzähne braucht man nicht zu präparieren. Ein Haifischzahn im sandigen Sedimentstück wird ohne weiteres Konservieren zum Sammlungsstück. Aber andere Fossilien, wie die kleinen, schwammartig rundlichen, geweih- oder himbeerförmigen Reste von Bryozoenkolonien (*9 – 2*) oder die meist als Steinkern oder Prägesteinkern erhaltenen Muscheln oder die dort seltenen Seeigel (*9 – 3*) sind mit Sandkörnchen besetzt und stecken in Abraumstücken. Die Fossilien, die in Sandsteinbrocken stecken, verraten sich durch bestimmte Anzeichen meist schon von außen. Man klopft sie mit dem Geologenhammer oder mit Meißel und Fäustel auf. Mitnehmenswerte Stücke werden mit Fundnotiz in Zeitungspapier verpackt und später zu Hause mit feinem Werkzeug bearbeitet.

In einem Übergangsgebiet von Meer und Süßwasser lagerte sich im jüngeren Tertiär bei Ulm die Süßbrackwassermolasse ab, die auch meterdicke Feinsandschichten mit unzähligen kleinen und größeren Schnecken enthält (*10 – 2*). Ein größeres feuchtes Stück dieser Sandschicht verpackt man zum

Tafel 7

1 Ganoidschuppen (5–7 mm) von *Lepisosteus strausi*, einem Krokodilfisch aus dem Eozän von Messel.
2 Terebratel *Ismenia pectunculoidea* (SCHLOTHEIM) (2 cm) vor einer Hahnenkammauster *Arctostrea gregarea* (SOWERBY), verkieselt, aus den Nattheimer Schichten des Malm Epsilon (Kimmeridgium).
3 Opalisierende Schale des Ammoniten *Leioceras opalinum* (REINECKE) (8 cm) aus dem Aalenium (Dogger Alpha) von Heiningen bei Göppingen.

Tertiär-Gliederung

System	Stufe		Molasseablagerungen in Oberschwaben
Quartär	*Holozän*		
	Pleistozän		
— 2 Mio Jahre —			
Tertiär	*Pliozän*		
	Miozän	Sarmat	Obere Süßwassermolasse jünger
		Torton	Obere Süßwassermolasse älter
		Serraval	Kirchberger Schichten Grimmelfinger Graupensande
		Langh	Obere Meeresmolasse
		Burdigal	
		Aquitan	Untere Süßwassermolasse
	Oligozän	Ober-	Untere Meeresmolasse
		Mittel-	
		Unter-	
	Eozän		
	Paleozän		
— 65 Mio Jahre —			
Kreide			

Transport in Zeitungspapier und läßt es dann zu Hause ausgepackt vorsichtig austrocknen. Dann beginnt mit Präpariermesser, Nadel und Pinsel die Suche nach den eingebetteten Schnecken (*10–1*). Da sich ihre kreidigen Schalen leicht lösen, geht man geduldig und vorsichtig ans Werk. Immerhin verbleibt schließlich eine zwangsläufig kleinere, aber doch fundstellentypische Fossilplastik (*10–3*), die noch mit Fixativ oder Lackspray vorsichtig gefestigt werden kann.

Der Fossiliensammler findet heute die seit einem Jahrhundert wegen der fossilen Turmschneckenanhäufungen bekannte Erminger Turritellenplatte versperrt. Es waren wohl die tiefen, gefährlichen Löcher und Höhlen sowie kommerzielle Ausbeutung, die 1977 zur Sperrung des Geländes geführt haben. Aus den harten, dick verbackenen Schnecken- und Muschelschichten können schöne Sammelstücke präpariert werden (*10–4*).

Tafel 8

1 Durch Gebirgsdruck deformierter, 16 cm großer Ammonit aus dem Unteren Lias (Sinemurium) von der Steinplatte bei Weidring, Tirol.
2 Auf der Suche nach Haifischzähnen in der Oberen Meeresmolasse bei Ursendorf in der Nähe von Saulgau in Oberschwaben.

Fossilien im weichen Mergel

Fundstellen in mehr oder minder weichen Mergelschichten (Schichten mit Kalk-und Tonanteilen) kenne ich vorwiegend aus tertiären, also jüngeren Ablagerungen, aber auch aus dem süddeutschen Jura. Es gibt kein Patentrezept für das Aufspalten dieser Ablagerungen. Sie lassen sich meist nur im Übergangsbereich zwischen zwei Schichten in Platten abheben oder dann, wenn viele Fossilien wie z. B. Blätter eingestreut sind.

Kalk-Ton-Mischungen
nach Correns

Kalkanteil bis		Tonanteil bis
95%	Kalkstein (hochprozentig)	5%
85%	mergeliger Kalk	15%
75%	Mergelkalk	25%
65%	Kalkmergel	35%
35%	Mergel	65%
25%	Tonmergel	75%
15%	Mergelton	85%
5%	mergeliger Ton	95%
0%	Ton (hochprozentig)	100%

Die Mergelschichten der Oberen Süßwassermolasse von Heggbach bei Biberach zeichnen sich eher durch vertikale Risse als durch abtrennbare Schichten aus. So braucht man Glück, um einigermaßen typische, gut erhaltene Blätter zu bergen. Durch örtliche Baumaßnahmen können immer wieder tertiäre Pflanzenschichten im weichen Mergel zugänglich werden. Dann gelingt auch das Öffnen einer fossilführenden Schicht. Der Mergel wird in weitem Abstand um das begehrte Fossil eingeschnitten. Dann hebt man die Fossilplatte mit einem für Schürfzwecke geeigneten Geologenhammer (*11 – 2*) oder einem Meißel mit breiter Schneide ab. Auch die Dicke der Platte darf nicht zu gering gewählt werden. Diese Stücke werden wie alle Mergelstücke nach dem Austrocknen sehr fest. Schneiden Sie sie deshalb möglichst schon im Aufschluß mit einem Fahrtenmesser auf handliche Größe und Dicke zurecht. Mergelkrümel auf dem Fossil entfernen Sie vor dem Trocknen vorsichtig z. B. mit einem sauberen Pinsel (*11 – 1*).

Das Bestimmen von Fossilienresten und besonders von Pflanzen ist sehr schwierig. Man nehme deshalb wo möglich, wie hier bei diesem Pappelblatt, auch den Negativabdruck mit (*11 – 3, 4*), weil darauf Strukturen erhalten sein können. Feste, dünne Mergelreste auf frisch geborgenen Blattabdrücken lasse man langsam trocknen. Man hebt sie dann oft leichter ab.

Höchst vorsichtig muß man mit im Pflanzenmergel eingebetteten kreidigen Krötenmuschelschalen umgehen, die erst nach dem Trocknen und Fixieren zuverlässiger halten.

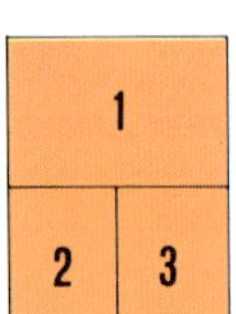

Tafel 9

1 Eine Handvoll Haifischzähne von Ursendorf; Obere Meeresmolasse, Tertiär.
2 Himbeerförmige Bryozoe *Cellepora polytele* Reuss (3 cm) aus Ursendorf.
3 Seeigel *Spatangus desmaresti* Münster (10 cm) ebenfalls aus der Oberen Meeresmolasse bei Ursendorf.

Die Schnecken in den Mergeln der gleichen tertiären Schicht wurden völlig ohne Schichtung eingebettet. Die extrem feine Körnchengröße des Einbettungsschlammes schützt die eingeschlossenen Fossilien gut. Sie bindet aber gleichzeitig viel Feuchtigkeit. Getrocknet sind die Stücke deshalb erheblich leichter.
Vorsichtig sondiert man mit der Präparationsnadel, wo die nächste Schnecke steckt, oder benutzt umgekehrt etwas Wasser zum Wiederauflösen getrockneter Stellen, die dann weich werden und abgeschabt werden können. Winzige, 15 Millionen Jahre alte Schnecken mit gefleckter oder feinstrukturierter Schale bilden schließlich den Lohn für geduldiges, präzises Freilegen (*12 – 1, 2*).
In miozänen Ablagerungen in Südfrankreich stieß ich auf fast kreideähnliche, weiße Schichten. Sie enthielten Blattreste und Fische, die auf dem weißen Untergrund besonders hervortreten (*12 – 4*). Die im Aufschluß feuchtschweren Stücke werden nach dem Trocknen federleicht.
Aus den schon etwas festeren, aber leicht mechanisch zu bearbeitenden Mergelschichten des Schwarzen Jura Gamma (Unteres Pliensbachium) präpariert man Fossilien besonders gut und schön bei verhältnismäßig geringem Zeitaufwand heraus. Ein entsprechendes Mergelstück mit eingebettetem Fossil läßt man langsam trocknen. Dann reinigt und bürstet man vorsichtig nur das Fossil sauber. Fluatieren des Fossils ist selten zum Konservieren erforderlich, doch kann sich dadurch ein optisch reizvollerer Kontrast zum hellen Mergel ergeben (*12 – 3*). Falls Sie nicht riskieren möchten, mit Fluattropfen versehentlich auch den hellen Mergel zu verändern, können Sie diesen vorher mit durch Aceton stark verdünntem Zaponlack bestreichen.

Fossilien in Tonschichten

Aus feinsten Sinkstoffen aufgebaut und mit zunehmendem Kalkanteil auch als Tonmergel bezeichnet (*s. Tabelle, S. 26*), verfestigen sich Tonschichten durch den Druck darüberliegender Ablagerungen zu einem dichten, in frischem Zustand meist dunkelgrauen bis blauschwarzen Schichtverbund. Ton wird auf gleiche Weise auch zum härteren, plattigen Schieferton oder sogar zu hartem Tongestein zusammengepreßt.
Fossilreiche Tonschichten bieten dem Fossiliensammler fast alles, was „sein Herz begehrt“. Durch weitgehend gleichmäßige Ablagerung entstanden Schichten, die er mehr oder weniger leicht schichtparallel mit Meißel und Fäustel oder allein mit dem Geologenhammer aufklopfen kann. Er beginnt am besten mit einem festen Brocken und zerkleinert ihn in aller Ruhe. Ist es ein Stück aus dem Schwarzen Jura Delta oder Oberen Pliensbachium, mag er darin zuerst nach den attraktiven pyritisierten Fossilien, wie dem nach der Ziege Jupiters benannten Ammoniten *Amaltheus* suchen (*13 – 1*).
Nicht selten bleiben Fossilien in Tonschichten pyritisiert erhalten (*siehe auch Seite 137*). Oft aber schaut nur ein Teil des Fossils aus dem gespaltenen Tonstück heraus. Man erkennt es an seiner typischen Form oder wird darauf aufmerksam durch Pyritkristalle, die sich auf dem oder um das Fossil herum bildeten. Ein sichtlich gut erhaltenes „Pyritfossil“ hebe ich vorsichtig mit einem Spargelstecher ab, mit dem ich auch an schwer zu-

Tafel 10

1 Aus dem größeren Sandbrocken lassen sich die Schnecken vorsichtig freilegen.
2 Schnecken *Viviparus suevicus* (bis zu 4 cm) in den feinkörnigen Paludinensanden bei Kirchberg an der Iller.
3 Fertige „Fossilplastik“ mit *Viviparus*.
4 Sammelstück mit *Turritella turris* (BASTIAN) (bis 5 cm); Obere Meeresmolasse, Ermingen bei Ulm.

gängliche, tiefer in einer Tonschicht liegende Stellen herankomme (*29–1*).
Zunächst sehen die Fossilien grau in grau aus. In den Tonschichten der Unteren Kreide bei Hannover tragen die leicht zerbrechlichen Pyritammoniten eine weißliche, opalisierende Schale (*13–2*). Pyrit, FeS_2, bildet als verbreitetste Form des Schwefelkieses oft einen schützenden Kristallharnisch auf Fossilien. Er kann deren ehemals kalkiges Gehäuse ersetzen und dadurch stabilisieren. Wegen seiner Härte (6 bis 6,5) ist Pyrit wenig empfindlich. Dennoch sollte man jedes Pyritfossil, vor allem jedes größere oder dünnflächige, mit Ruhe und Sorgfalt bergen. Einwickeln in Zeitungspapier und – nicht zu langes – Aufbewahren in Tüten mit genauer Beschriftung gehören dazu.
Tonschichten sollte man tunlichst nur bei trockenem Wetter aufsuchen, denn feuchter Ton wird plastisch und schmiert: der nächste Bach zum Waschen von Fossil und Sammler sollte dann nicht weit entfernt sein. Regen schwemmt aber auch Tonschichten weg und spült pyritisierte Fossilien heraus. An offenen Hängen fossilreicher Ton- oder Tonmergelschichten kann man nach Regenperioden leicht die schönsten Fossilien auflesen. In Deutschland mögen derartige, den Fossiliensammler paradiesisch anmutende Bedingungen seltener anzutreffen sein als in Südfrankreich, wo die „Terre Noire", die „Schwarze (Ton)Erde", die weiten Landschaften der „Causses" im Süden und Westen der Cevennen bestimmt. An unberührten Stellen kann man dort ganze Fossilgemeinschaften einfach aufsammeln. Auch aus weichen Schichten der Unterkreide in der Provence werden mitunter viele Fossilien freigespült.

Manche Pyritfossilien bleiben gerade durch Sonne, Wind und Regenwetter gut erhalten: Luft und viel Wasser wandeln Pyrit in Eisenoxide und Schwefelsäure um:

$$\underset{\text{Pyrit}}{4\,FeS_2} + \underset{\text{Sauerstoff}}{15\,O_2} + \underset{\text{Wasser}}{8\,H_2O} \rightarrow$$

$$\underset{\text{Eisenoxide}}{2\,Fe_2O_3} + \underset{\text{Schwefelsäure}}{8\,H_2SO_4}$$

Während ein Teil der Schwefelsäure vom Grundwasser aufgenommen wird, reagiert der Rest mit dem Eisenoxid zu Eisensulfat („Ausblühen"). Pyritfossilien werden oft mit einer schützenden Eisenoxidschicht überzogen: mit dem gelblichen Brauneisenerz, dem Limonit, FeO (OH), oder mit dem braunschwarzen, metallisch glänzenden Hämatit, Fe_2O_3 (*13–3*). Mit einer Bronze- oder Messingbürste kann dieser Überzug entfernt und können dabei die für das Bestimmen mancher Ammoniten wichtigen Lobenlinien noch besser freigelegt werden. Im allgemeinen zählen Pyritfossilien zu den Sorgenkindern einer Sammlung, weil sich deren Oberflächen in warmfeuchter Luft aufblähen und dort neben Schwefelsäure Eisensulfatablagerungen entstehen können. Ein ursprünglich in schillerndstem Pyrit glänzendes Holzstück aus tertiären Braunkohlenablagerungen bestichtdann nur noch durch weißliches Pulver und gelbe Schwefelblumen. Das typische „Ausblühen" eines pyritisierten Ammoniten (*13–4*) oder eines wohl nur schwach pyritisierten Seelilienstengelstücks spricht unmittelbar für sich selbst.
In der Folge freiwerdende Schwefelsäure gefährdet weitere Sammelstücke, aber auch Etiketten und anderes Zubehör. Deshalb

Tafel 11

1 Mit einem weichen Pinsel oder Radierbesen werden anhaftende Mergelkrümel entfernt.
2 Abtrennen und Abheben eines Mergelstückes mit Pflanzenresten.
3 Pappelblatt (8 cm) aus den Öhninger Schichten, Obere Süßwassermolasse von Radolfzell, als inkohlter Blattrest und als
4 Blattabdruck auf der darunterliegenden Schichtfläche.

Kreide-Gliederung

System	Abteilung	Stufe	
Tertiär			
65 Mio Jahre			
Kreide	*Oberkreide*	Maastricht	
		Campan	
		Santon	
		Coniac	
		Turon	
		Cenoman	
	Unterkreide	Alb (Gault)	
		Apt	
		Barrême	**Neokom**
		Hauterive	
		Valang	
137 Mio Jahre			
Jura			

entferne man befallene Stücke rechtzeitig, konserviere seine Pyritfossilien und sorge für trockene Luft im Sammlungsraum.
Die wunderschön geformten, aber auch pyritisierten Seelilienstengelglieder aus Altenhagen bei Bielefeld halten sich – wohl wegen der stabileren Pyritverbindung – dagegen in meiner Sammlung seit Jahren recht gut (*Tafel 14*). Sicheren Schutz gegen das Ausblühen kenne ich nicht. Ich helfe mir mit Schellack + Zaponlack (*siehe auch Seite 132*) und lasse auch mitunter ein schönes, gut kristallisiertes Stück unbehandelt liegen, als Testobjekt und als Augenweide zugleich (*13 – 5*). Es empfiehlt sich, zunächst die eine Seite des Fossils und erst wenn sie trocken ist die andere zu konservieren.
Waschen allein – am besten mit Spiritus – genügt in der Regel nicht, um Pyritfossilien von allen anhaftenden Tonresten zu befrei-

Tafel 12

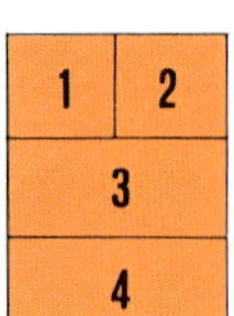

1 *Theodoxus crenulatus* (KLEIN) (7 mm) mit ihrer typisch gefleckten Schale aus den weichen Mergeln der Oberen Süßwassermolasse von Pflummern bei Riedlingen/Donau.
2 *Brotia escheri* MERIAN (4 cm) von der gleichen Fundstelle und Fundschicht.
3 Aus dem Mergel des Unteren Pliensbachium (Lias Gamma): Ammonit *Androgynoceras maculatum* YOUNG und BIRD (8 cm) und Belemnit *Belemnites paxillosus* (10 cm).
4 Ein miozäner Fischrest (20 cm) in hellen, sehr porösen, feingeschichteten Ablagerungen aus St. Bauzile, Südfrankreich.

en. Man muß doch meist recht fleißig auch mit Minimeißelchen und Präpariernadel wirken, um den bei Ammoniten in den Rillen, im Nabel oder an den Lobenlinien oft steinhart festgebackenen Ton zu entfernen (*15–1*). Bei aufsitzendem kalkhaltigerem Gestein könnte Herauslösen durch verdünnte Salzsäure vorteilhaft sein. Dann wässere man anschließend sorgfältig mehrmals, auch Auskochen hilft.

Der gekammerte Innenteil (Phragmokon) eines Ammoniten widersteht bei schneller Pyritisierung dem Druck der sich darüber bildenden Tonsedimente besser als die Wohnkammer, die deshalb oft nur als instabiler Schalenabdruck zu erkennen ist. Ein Fundstück dieser Art kann als typisches Beispiel für die Gesamtgröße des Fossils eine Sammlung gut ergänzen (*15–3*). Der pyritisierte Teil wird dabei vorsichtig gesäubert, gebürstet und, falls er sich lösen sollte, wieder mit Alleskleber aufgeklebt.

Pyrit entsteht auch in und um größere in Tonschichten eingebettete Organismen. Ich denke dabei nicht an die meterhohen pyritisierten Seelilien in Museen, die auch als Meisterleistung des Präparators mit Recht bestaunt werden können, sondern an für den einzelnen noch leicht zu bergende und zu transportierende Fundstücke, wie z.B. große Ammoniten. Sie können innen und außen fast völlig aus Pyrit bestehen (*15–2*) oder auch mit einem das Fossil entstellenden Pyritharnisch bedeckt sein (*15–4*).

Solche Stücke machen dem Finder nicht nur große Freude. Sie verlangen ihm auch viel Mühe ab bei der durch die zwangsläufig größere Oberfläche aufwendigeren Präparation. Am fertigen Stück (*15–5*) sieht man nicht mehr, was da alles entfernt, geklebt, ergänzt und ausgefüllt werden mußte und mit welchem Feuerwerk und den sich dabei bildenden Schwefelwasserstoffdüften die Meißelarbeit im Pyrit begleitet war.

Pyritfossilien mitsamt der Originaltonschicht zu bergen ist verhältnismäßig leicht, weil sich frischer, noch bergfeuchter Ton oft gut schneiden und spalten läßt. Man trockne das Stück dann langsam zu Hause, reinige das Fossil mechanisch und schütze es gegebenenfalls durch Schellack/Zaponlack oder ein besseres Mittel (*siehe Seite 132*). Mit einem feinen Pinsel entferne man vorsichtig lockere Tonpartikel und pinsele dann ein Fluat-Steinpflegemittel auf das gesamte Tonstück, das dadurch ein fast schwarzes Aussehen erhält. Das goldschimmernde Fossil kontrastiert eindrucksvoll mit dem dunklen Untergrund (*16–1*).

Mitunter sind bei größeren Ammoniten in harten Tonmergelsteinen nur die Schalen pyritisiert. Dann kann man vorsichtig Stück für Stück des Gesteins entfernen. Allerdings springt dabei oft die Pyritschale stückchenweise mit ab. Zurück bleibt der Steinkern mit einem goldschimmernden Pyrithauch.

Im Opalinuston des Aalenium (Dogger Alpha) fand ich auch handgroße Ammoniten, die durch einen massiven Pyritkern oder durch zusätzliche Pyritkristallisation körperlich erhalten geblieben waren, während in den gleichen Schichten ihre Lebensgefährten milliardenfach nur kreidig plattgedrückt vorkommen.

Tafel 13

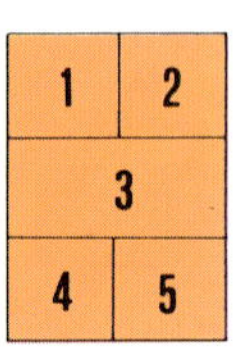

1 Eine Gruppe von pyritisierten Amaltheen (bis 6 cm) in Tonschichten des Oberen Pliensbachium (Lias Delta) aus Göppingen.
2 Pyritammonit *Endemoceras* (12 cm) mit weißen, opalisierenden Schalenresten in fast senkrecht einfallenden Tonschichten der Unterkreide von Sarstedt, Hannover.
3 Pyritammoniten aus dem Toarcium (Oberer Lias), Südfrankreich, die durch Oxidation an der Oberfläche limonitisierten; links: *Polyplectus* (4 cm) in Limonit; rechts: *Hildoceras* (3,5 cm) in Hämatit.
4 „Ausblühender" pyritisierter, 4 cm großer Ammonit.
5 Pyritisierter *Echioceras* (5 cm) ohne Lackschutzschicht aus dem Sinemurium (Lias Beta) von der westlichen Schwäbischen Alb.

Fossilreiche Tonschichten enthalten außer pyritisierten oft auch eine Fülle nicht pyritisierter Fossilien. So findet sich in Tonschichten des Jura neben Belemniten, deren Rostren und gekammerten Teile eher verkalkt und seltener pyritisiert auftreten, eine Fülle kleinerer fossiler Reste, vorwiegend von Muscheln und Schnecken. Festere Fossilien gewinnt man ohne Beschädigung, wenn man fossilverdächtige Tonbrocken zu Hause zunächst austrocknen läßt und dann im Wasserbad auflöst. Bei vorsichtigem, mehrfachem Befeuchten und scheibchenweisem Ablösen der Tonschichten lassen sich auch dünne Fossilien wie z. B. kleine Muschelschalen retten, die bei schnellem Aufquellen zerfallen würden.

Fossilien im Messeler Ölschiefer

Messeler Schiefer ist etwas Besonderes. Man merkt es speziell an Regentagen, wenn man über die schwarzen Schieferplatten den Hang hinaufklettert – oder besser, klettern will. Der hohe Ölgehalt dieser Ablagerungen aus dem Mittleren Eozän, aus der Zeit vor 50 Millionen Jahren, wird einem nie so klar, wie wenn man bei jedem Schritt abrutscht. Vielleicht ist für diesen Schiefer typisch, daß er sich wie harte Butter schneiden läßt. Im trockenen Zustand aber blättert er an der Oberfläche auf und zerfällt in Staub. Diese Beobachtungen sagen schon viel über das schwierige Präparieren seiner Fossilien aus: Früher war das Stabilisieren aufgebrochener Fossilkörper nur mit speziellen Lakken möglich – ein Problem, mit dem sich die Geologen und Präparatoren im geozeitlich vergleichbaren Braunkohlenrevier des Geiseltals bei Halle noch heute beschäftigen müssen. Im Ölschiefer von Messel eingebettete Fische spalten in der Mitte auf. Mit einigem Glück liegen beide Fischhälften auf den Spaltflächen des Schiefers vor. Sie werden in Kunstharz eingegossen. Später, nach Verfestigung des Harzes, wird von der anderen Seite her die Außenseite des Fossils freigelegt (*17–2, 3*). Das Ergebnis: einmalige Erhaltung feinster Fossilstrukturen (*7–1*).

Unter Fossiliensammlern sprach sich mit diesem zwar mühevollen, aber zu erstaunlichen Ergebnissen führenden Verfahren auch die seit Generationen bekannte Fundstelle herum. Nachdem mir Bekannte dringend dazu rieten, suchte ich an einem Novembertag 1974 mit einem Freund schließlich auch im Messeler Ölschiefer nach Fischen. Da es regnete, war es nicht schwer, Fundstücke in nasse Zeitungen und Kunststofftüten „feucht“ zu verpacken.

Wir machten uns dann zu Hause an das uns vom Hörensagen bekannte Präparieren, das wir in einigen Punkten mit Erfolg abwandelten:

1. Auspacken und evtl. Zusammensetzen der Fundstücke zum ganzen Fossil. Wir taten das in einem Sandkasten (*17–1*), um die Plattenoberfläche bequem in die Waagerechte bringen zu können.
2. Verkitten von Rissen außerhalb des Fischkörpers mit geschabtem und geriebenem Ölschiefer und innerhalb des Fischkörpers mit entsprechenden Fischresten z. B. Schuppenteilen von nicht brauchbaren Funden.
3. Anstelle von Knetmasse oder Gips nahmen wir Balsaholzleisten für den passenden, exakten Gießrahmen.
4. Alle Fugen und Öffnungen zwischen Holz und Schiefer sowie Holz und Holz verspachtelten wir mit Fensterkitt.

Tafel 14

Pyritisierte Seelilienstengelglieder (8 mm Durchmesser) aus dem Mittleren Lias von Altenhagen bei Bielefeld.

5. Die zum Fossil gehörenden Teile wurden mit einem Fön getrocknet; wir deckten die Ölschieferteile dabei mit feuchten Stoffresten ab. Man kann sie auch mit Klarlack dünn einstreichen.

6. Nach Entfetten der Fossilteile mit einem Lackverdünner, nach etwa ausgeglichenem Austrocknen von flachen und tiefreichenden Fossilteilen und Entfernen aller störenden Reste gossen wir über die ganze gerahmte Fläche, einschließlich Fossil, eine Schicht Epoxy-Gießharz, in das wir aber zuvor feinpulverisierten Ölschiefer eingerührt hatten.

7. Auf das sich festigende Harz legten wir ein relativ dichtes Glasfasergewebe und gossen weiteres zubereitetes Epoxy-Harz auf, bis zu einer Dicke von 1 cm bei Plattengrößen bis etwa 40 x 30 cm.

8. Nach dem Aushärten des Gießharzes, es dauerte 24 Stunden, drehten wir die Platte um und entfernten vorsichtig den Ölschiefer.

9. Mit Bürste, Wasser und Reinigungsmitteln lockerten und entfernten wir am Fossil haftende Ölschieferreste und verfestigte Erd- oder Sandschichten. In schwierigen Fällen befreiten wir die Fossiloberfläche auch mit Hilfe von feinsten Dentalbohrern und Nadelpräparation, bis der Fisch völlig freigelegt war.

10. Die Kunstharzplatte hatte in den fossilfreien Partien Ölschieferplattenstruktur und dank des eingerührten Ölschieferpulvers auch eine dem Original entsprechende Farbe (*17–2*). Zusätzliches Färben der Platte, wie bei Verwendung von klarem Gießharz nötig (*17–3*), erübrigte sich. Das kam auch schwierigem Präparieren zugute, wenn einmal versehentlich bis auf die schwarze Kunstharzschicht durchpräpariert wurde.

11. Schließlich schliffen wir Kanten und Rückseite gerade und klebten auf die Rückseite eine Samtklebefolie auf.

12. Eine solche Fossiltafel kann leicht rahmenlos an eine Wand gehängt werden (*55–4, siehe auch Seite 127*).

Gewiß wird dieses Verfahren noch weiter verbessert und für ähnliche Zwecke benutzt werden.

Der Messeler Fundplatz wurde inzwischen wegen der in Zahl und Erhaltungszustand einmaligen Fossilien aus dem für die Entwicklung der Säugetiere besonders wichtigen Eozän weltberühmt. Diese Fossilien werden heute von Fachleuten etwa nach dem aufgezeigten Verfahren präpariert. Der zur Mülldeponie bestimmte Aufschluß sollte – hoffentlich – weiterhin der paläontologischen Forschung erhalten bleiben.

Bei den Braunkohleablagerungen des Geiseltals und bei den Ölschiefern von Messel erschweren die noch nicht voll verfestigten und mit hohem Wassergehalt behafteten Ablagerungen Bergung und Präparation von Fossilien. Ältere, völlig verfestigte Ölschiefer, wie z. B. Posidonienschiefer (Jura) oder Bundenbachschiefer (Devon), enthalten entsprechend verfestigte Fossilien und lassen damit einfachere Präparation zu.

Tafel 15

1 An den Lobenlinien dieses 6 cm großen *Oxynoticeras oxynotum* (QUENSTEDT) aus dem Sinemurium (Lias Beta) von Schömberg bei Balingen hat sich harter Ton festgesetzt.
2 Ein 25 cm großer, pyritisierter Ammonit *Teloceras* wird im Aufschluß geborgen.
3 *Echioceras* aus dem Sinemurium (Lias Beta) von Sunthausen, mit pyritisiertem Phragmokon und nicht pyritisierter, plattgedrückter Wohnkammer; insgesamt 6 cm groß.
4 Durch Pyrit teilweise verdeckter, 5 cm großer *Amaltheus gibbosus* (SCHLOTHEIM) aus dem Oberen Pliensbachium (Lias Delta) von Reichenbach bei Aalen.
5 Großer (22 cm!) pyritisierter *Teloceras blagdeni* (SOWERBY) aus dem Bajocium (Dogger Delta) von Beuren bei Kirchheim.

Fossilien aus harten Schichten

Verkalkte Fossilien in Kalkgestein

Wer durch Juralandschaften wie den Schweizer Jura, der der erdgeschichtlichen Juraperiode den Namen gab, oder die Schwäbische Alb und Fränkische Alb in Süddeutschland wandert, der begegnet ihm auf Schritt und Tritt, als Wegeschotterung, als Gesteinsschicht an steileren Hängen, als typisch die Landschaft mitgestaltende Schwammstotzen und schließlich immer wieder in kleinen und großen Steinbrüchen: dem gelblichweißen, in verwittertem Zustand grauen Kalkstein. Fast immer kann man auch Fossilien darin entdecken. Natürlich nicht überall gleich viel, weil die Fossilhäufigkeit wechselt.

Fossiliensammler treffen sich meist in den fossilreichen Steinbrüchen, in denen die äußeren Gesteinsschichten schon etwas verwittert sind (*18–3*). Verkalkte Fossilien in frischem Kalkgestein lassen sich, da Fossil und Gestein gleich hart sind, nur schwer herausklopfen. Auch nehmen Risse und Sprünge keine Rücksicht auf das Fossil. Bei ausgewittertem Kalkstein lockert sich oft das Gestein an der Trennschicht zum Fossil: Beim Aufschlagen werden zarte Muscheln oder Ammoniten frei (*18–1*). Am schönsten gelingt das in den tertiären noch nicht so verhärteten Kalken. Sie enthalten häufig herrliche Schneckenschalen, die man nicht weiter zu präparieren braucht (*4–2*). Mitunter schlägt sich Bitumengehalt im porösen Gestein als schwarzer Überzug an den Fossilien nieder (*18–2*), während er in sehr harten Kalksteinen sogar in das Fossil eindringen und es schwarz färben kann.

Kehren wir zurück zum Fossilienfreund, der durch die Juralandschaft wandert. Er wird im Frühling die Steinhalden unterhalb von fossilführenden Kalkhängen nach herausgewitterten Fossilien absuchen; natürlich bei Windstille und mit der gebotenen Vorsicht, d.h. Schutzhelm. Viele Brachiopoden, wie Terebrateln und Rhynchonellen (*19–1*), aber auch kleine Ammoniten und sogar Seeigel (*19–2*) können dabei in einem Zustand gefunden werden, der kaum weiteren Präparierens bedarf.

Vom Entdecken der verkalkten Fossilien im Aufschluß und dort in der richtigen Kalkschicht vom möglichst bruchlosen Bergen in einem Stück bis zur ausstellungsreifen Versteinerung ist oft ein weiter Weg.

Fossilien, deren Umrisse nur zum Teil in harten Kalkschichten oder Kalkplatten zu erkennen sind, machen dem Fossilienfreund dann Sorgen, wenn sich das Fossil in einer Gesteinsschicht befindet, die sich nicht herauslösen oder zerkleinern läßt. Man braucht dann viel Kraft, um eine angemessen tiefe Rinne um das Fossil in den steinharten Grund zu meißeln. Man muß – besonders bei frischem Gestein – damit rechnen, daß

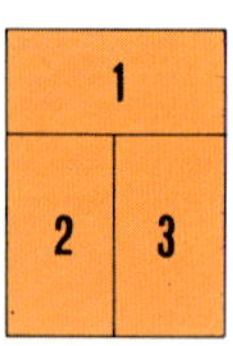

Tafel 16 (Seite 41)

1 *Echioceras* (2 cm) auf fluatierter, schwarzer Tonschicht.
2 Pyritisierter, 5 cm großer Belemniten-Phragmokon aus dem Lias von Osterkappeln bei Osnabrück.
3 Unpräparierte Schnecke *Pleurotomaria* (1,5 cm) in Tonschichten des Oberen Pliensbachium (Lias Delta) von Marloffstein, Fränkischer Jura.

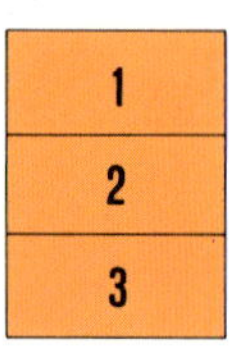

Tafel 17 (Seite 42)

1 Vorbereiten einer Messeler Ölschieferplatte zum Aufgießen von Kunststoff in einem Sandkasten.
2 Oberflächenstruktur und Farbe des Ölschiefers blieben auf dieser Kunststoffplatte mit dem 25 cm großen Fisch *Amia kehreri* gut erhalten.
3 *Amphiperca multiformis*, ein 18 cm großer Barsch aus Messel, der in klaren Kunststoff eingebettet wurde.

Jura-Gliederung

System	Abteilung	Stufe	**Süddeutsche Gliederung** nach Quenstedt
Kreide			
137 Mio Jahre			
Jura	*Malm = Weißer Jura = Oberer Jura*	Purbeckium Portlandium	keine vergleichbare Ablagerung
		Tithonium	ζ Zeta
		Kimmeridgium	ε Epsilon δ Delta γ Gamma
		Oxfordium	β Beta α Alpha
	Dogger = Brauner Jura = Mittlerer Jura	Callovium	ζ Zeta
		Bathonium	ε Epsilon
		Bajocium	δ Delta γ Gamma
		Aalenium	β Beta α Alpha
	Lias = Schwarzer Jura = Unterer Jura	Toarcium	ζ Zeta ε Epsilon
		Pliensbachium	δ Delta
			γ Gamma
		Sinemurium	β Beta
			α_3 Alpha 3
		Hettangium	α_2 Alpha 2 α_1 Alpha 1
195 Mio Jahre			
Trias			

das Fossil dabei zerbricht. Der Aufwand lohnt meist nur, wenn erkennbar ist, daß es die fast immer besser erhaltene Unterseite ist, mit der das Fossil im Gestein liegt. Die freiliegende Oberseite des in den Schlamm des Meeresgrundes abgesunkenen Organismenrestes kann durch Wasser und andere Einflüsse beschädigt worden sein, während die Unterseite geschützt blieb. Das gilt auch für Fossilien in vielen anderen Ablagerungen.
Direkt in den Ablagerungsschichten zu suchen, zu sammeln, mag höchste Befriedigung für den Fossiliensammler bedeuten. Er wird aber auch Auffüllplätze aufsuchen, wohin der Aushub von Baugruben transportiert wird. Dort stört er nämlich bei seinem Steinklopfen niemand und findet zudem die Ablagerungsschichten oft ideal ausgebreitet. Harte, aber nicht zu dicke Kalkplatten mit Fossilien kann er dort in Ruhe, ohne das Fossil zu beschädigen, zu tragbaren Stücken verkleinern.

Verkieselte Fossilien in Kalkgestein

In den Kreideschichten Norddeutschlands sind verkieselte Fossilien häufig zu finden (*siehe auch Seite 46*). Auch in den Weißjuraschichten Süddeutschlands und dort besonders in der Umgebung von Heidenheim und von Urach kann man noch heute silifizierte (*siehe Seite 18*) Fossilien im Herbst auf den Äckern auflesen.
Die Nattheimer-Schichten geben einen typischen Eindruck von in Kalk eingebetteten, verkieselten Fossilien. Sie stecken dort meistens in ungeschichteten losen Kalkbrokken, die man mitsamt den darinsteckenden oder herausgewitterten Fossilien bei Erdbewegungen durch Neubauten oder bei Bodenverschiebungen durch Straßenbau oder Flurbereinigung findet.
Der Fossiliensammler entdeckt auf Kalkbrocken teilweise herausgewitterte (weil verkieselte), sichtbare Fossil- z. B. Korallenreste. Er nimmt geeignete Stücke mit und legt sie in verdünnte Salzsäure (vorher an einem Abfallstück ausprobieren), die den Kalk von den verkieselten Fossilien entfernt. Auf diese Weise wurden schon prachtvolle Fossilgruppen freigelegt mit Korallen (*37 – 2*), von denen es dort weit über 100 Arten gibt, mit Seeigeln, Brachiopoden (*7 – 2*), Muscheln, Schwämmen und anderen Resten von Lebewesen aus dem Meer des Oberen Weißjura (Kimmeridgium) vor etwa 140 Millionen Jahren.
Wichtig ist, die Salzsäure ausreichend zu verdünnen, damit nicht ganz feine Fossilteile durch aufsteigende Kohlensäurebläschen zerstört werden. Zarte Seeigel-, Muschel- oder Brachiopodenoberflächen können durch Unterbrechen des Ätzvorgangs, durch Wässern, Trocknen und Einstreichen mit Wachs vor zu starkem Säureangriff geschützt werden.
Man sollte verkieselte Fossilien nicht unbedingt völlig aus dem Kalkgestein herauslösen. Eine aufgebrochene Koralle kann herrliche Quarzkristalle, die natürlich von der Salzsäure nicht angegriffen werden, zeigen: Bergkristalle im Urweltrest. Ein Stück Urzeitmeeresboden mit einer Fülle von verkieselten Fossilien, die nur teilweise herausgelöst oder besser angelöst wurden (*Tafel 21*), gibt mitunter eine faszinierendere Aussage

Tafel 18

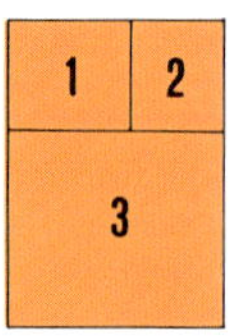

1 Aus einer großen, verwitterten Gesteinstafel herausgelöster, 25 cm großer Ammonit *Coroniceras rotiformis* (SOWERBY) aus dem Sinemurium (Lias Alpha 3) vom Wutachgebiet.
2 Durch Bitumeninfiltration dunkel gefärbte Schale der 3 cm großen Schnecke *Coretus cornu* (BROGNIART) aus der Unteren Süßwassermolasse von Ehingen.
3 Fossiliensammler in einem Weißjuraaufschluß bei Unterhausen an der Donau (nicht mehr zugänglich).

über das Ablagerungsgeschehen vor Millionen Jahren, als dies bei Einzelstücken möglich ist.
Typische Kieselsäurefossilien der Norddeutschen Oberkreide sind neben den Flintseeigeln (*6 – 4*) die dort in Feuersteinknollen enthaltenen Kieselschwämme.

Fossilien aus plattigen Schichten

Fossilien im Plattenkalk

Wer von Plattenkalk spricht, meint, zumindest im deutschsprachigen Raum, die Solnhofener Plattenkalke. Diese durch die Archaeopteryx-, die Urvogelfunde, berühmt gewordenen Plattenkalke liegen im landschaftlich reizvollen Altmühltal. Plattenkalkvorkommen trifft man zwischen Weißenburg und Eichstätt; Ausläufer davon sogar noch in Kelheim. Es gibt Plattenkalkschichten auch an anderen Plätzen und aus anderen erdgeschichtlichen Zeiten, wie z. B. die im Eozän entstandenen Schichten von Bolca in Norditalien und die schon zu Beginn des 18. Jahrhunderts bekanntgewordenen, versteinerungsreichen tertiären Plattenkalke der Öhninger Steinbrüche nördlich von Wangen am Schienerberg in Bodenseenähe.
Frische Plattenkalkschichten lassen sich nicht so leicht voneinander trennen wie länger auf Halde liegende, schon etwas angewitterte. In den Öhninger Plattenkalkbrüchen, die zuletzt nur wegen der Fossilien betrieben wurden, ließ man manchmal die fossilführenden Schichten überwintern, um sie im Frühjahr leichter öffnen zu können.
In Bolca kann der Fossiliensammler gegen Gebühr für bestimmte Zeit Platten aufklopfen. Die Öhninger Brüche gibt es nicht mehr – sie sind zugerutscht, überwachsen, und mein Schichtbild (*22 – 1*) stammt von einem Kalkbrocken, den ich dort aus einem Fuchsloch herauszog.
Im Altmühltal dagegen treffen wir noch heute auf die seit Generationen aufgetürmten Plattenkalkhalden, die Abfallhaufen früherer Druckplatten- und heutiger Fliesenplattenproduktionen. Dort öffnen Fossiliensammler mit Geduld und Fleiß die ausgewitterten Plattenkalkstücke, sie blättern förmlich im Buch der Erdgeschichte. Schwimmende Seelilien (*22 – 3*) und gröbere oder feinere wurmartige Gebilde zählen zu den ersten Entdeckungen. Kleine, nach Sprotten benannte Knochenfischchen (*22 – 4*) und plattgedrückte Ammoniten (*22 – 2*) folgen. Platten mit Fossilien sollte man möglichst erst zu Hause zu sammlungsgerechten Stükken verkleinern. Dort kann man die Funde in Ruhe stückweise mit einer Beiß- oder Fliesenzange oder mit einer Steinsäge formatisieren.
Da aber schon der Transport gerade bei dünneren, verwitterten Platten manch guten Fund zerstören kann, packe man die Platten in Zeitungspapier oder mit Schaumstoffzwischenlagen möglichst fest zusammen. Ich schütze wertvolle Platten durch Schaumstoff und binde sie zwischen zwei Pappkartondeckeln mit Bindfaden zusammen (*23 – 1*).
Das Freipräparieren von im Plattenkalk eingebetteten Fossilien gehört zu den großen Geduldsproben für den Fossilienfreund. Zum Glück bedürfen die meisten Funde neben dem Formatisieren der Platte keiner weiteren Präparation. Allenfalls gibt man den fertigen Plattenstücken vorsichtig aus

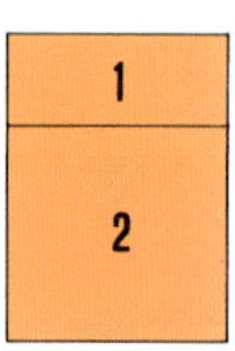

Tafel 19

1 Aus Schichten des Dogger herausgewitterte, bis 4,5 cm große Rhynchonellen *Cymatorhynchia quadriplicata* ZIETEN, die zu den Brachiopoden gehören. Fundort: Normandie.
2 Aus Mergelkalken des Oberen Weißjura vom Nollhof bei Sigmaringen herausgewitterter, 3 cm großer Seeigel *Plegiocidaris coronata* (GOLDFUSS).

vorgeschriebenem Abstand mit Fixativ oder Klarlackspray (*57–6*), die das feine Kalkpulver binden, eine festere Oberfläche (*siehe auch Seite 136*).
Man muß schon leidenschaftlicher Plattenkalk-Fossiliensammler sein oder im Steinbruch arbeiten, um überhaupt Spuren von Flugsauriern zu erkennen. Meist werden sie im Querschnitt von Plattenbruchstücken entdeckt. Der Fachmann setzt dann aus vielen Einzelstücken die vermutete Fossilplatte zusammen und entfernt mit Stahlnadel, Schabemesser und Wasser unter dem Binokular den Kalk über dem Fossil. Praktische Erfahrung und Studium der Fachliteratur helfen, das Fossil und damit die Lage des Fossilkörpers zu erkennen.
Der Durchschnittssammler ist hier überfordert. Er wird sich Hilfe im nächsten Geologischen Institut holen. An Knochenfischen oder an den körperlich erhaltenen Aptychen, die man als Deckel oder als Kieferteile von Ammoniten deutet, mag er sich selbst versuchen (*50–2*).
Die mit Fühlern 5 cm große Wasserwanze (*23–2, 3*) gibt ein typisches Bild von Plattenkalkversteinerungen; der erhabene, plastische Teil liegt auf der unteren Platte, dem „Liegenden", während Reste des in Rückenlage eingebetteten Fossils im Hohlraum auf der oberen Platte, dem „Hangenden", liegen. Wer nicht nur fleißig Platten spaltet, sondern die Ruhe zum Betrachten der Oberfläche behält, dem werden auch zarte Abdrücke, wie z. B. von einem Schlangenstern (*24–1*) oder von den nur als Hauch auf der Platte erkennbaren Gliederfüßen, die wohl vom Häutungsrest eines jungen Zehnfüßerkrebses (*24–2*) übrigblieben, nicht entgehen. Ultraviolettes Licht macht diese zarten Überreste deutlicher sichtbar.
Seit einigen Jahren werden in bestimmten Plattenkalkschichten auch häufiger Pflanzen entdeckt (*24–3, 4*), deren Bestimmung ohne gute Literatur oder fachlichen Rat schwierig ist.
Mit Lösungen eingeflossene, aus Rissen oder sogar um Fossilien herum auskristallisierte, rötliche Eisen- und schwarze Manganoxide bilden im Plattenkalk reizvolle Formen (*2–4*). Das Gestein der Solnhofener Plattenkalke besteht aus kugelförmigen Gerüsten kalkiger Blaugrünalgen, denen die gute Fossilerhaltung zugesprochen wird.

Fossilien im Schieferton

Dem Fossilienfreund gelingt es meist kaum, die Mischungsverhältnisse zwischen Kalk und Ton (*s. Tabelle, Seite 26*), aus denen die verschiedenen Mergelarten resultieren, im Gelände zu erkennen. So unterscheidet er Tonablagerungen nach ihrer Härte. Aus gleichmäßig abgelagerten tonigen Sedimenten können sich harte Schiefertone bilden, die durch gebirgsbildende Vorgänge zu dünnschiefrigen Tonschiefern, wie z. B. im Rheinischen Schiefergebirge, umgewandelt werden können.
Die Schiefertone der Schwäbischen Alb werden teilweise zu Tischplatten verarbeitet oder, weil sie Öl enthalten, verheizt und liefern so Energie und Material für spezielle Zementmischungen. Aber auch Fossiliensammler schätzen die schwarzen Schieferplatten mit den goldschimmernden Ammonitenabdrücken (*25–2*), wie sie in bestimmten Schichten des Schwarzen Jura Epsilon (Toarcium) massenhaft auftreten.

Tafel 20

1	4
2	5
3	6

1 Vorsichtig wird ein 20 cm großer, noch im Gestein des Aufschlusses liegender Ammonit geborgen.
2 Ein unpräparierter 12 cm großer Ceratit des Hauptmuschelkalks.
3 Der gleiche Ceratit nach der Präparation und mit Fluat überstrichen.
4 - 6 Im Chamositoolith des Dogger Beta (Aalenium) gefundener, 12 cm großer *Leioceras comptum* (Reinecke) mit erhaltener Schale als Fundstück (4), durch die Präparation freigelegt (5) und schließlich mit Fluat überstrichen (6).

Die auf Papierstärke zusammengepreßten Fossilien (*26 – 1, 3*) liegen meist so frei auf den Schichtflächen, daß Nadel und Schaber zum Entfernen von Tonresten kaum mehr gebraucht werden. Frische, goldglänzende Ammonitenschalen sollten möglichst noch am Fundtag vor schneller Oxidation geschützt werden. Eine Schellack-Zaponlack-Lösung oder ein anderes pyritschützendes Mittel mag die Auflösung des Pyrits verzögern. Auch Fachleute kennen zur dauerhaften Erhaltung von Pyrit außer völligem Austrocknen und Luftabschluß kein hundertprozentig sicheres Rezept, denn mitunter zerfallen in den Museen pyritisierte Teile erst nach 30 Jahren – trotz aller Vorsorge.
Der trockene, graue Schieferton färbt sich, überstreicht man ihn mit Fluat, tiefschwarz und bildet dadurch einen guten Kontrast zum Fossil. In den gleichen Schiefertonen kann der aufmerksame Fossiliensammler auch andere Versteinerungen entdecken. Vielleicht verkalkte Belemniten, den dort mit Tintenbeutel vorkommenden Tintenfisch *Geoteuthis bollensis* (*26 – 2*) und häufig auch aus Holz entstandener Gagat (*25 – 1*). Fossilien im Schieferton legt er, falls nötig, mit Nadel und Präpariermesser frei und schützt Fossil und Platte vor Feuchtigkeit.
Auch in anderen Schiefertonablagerungen finden sich Fossilien auf ein Zehntel und mehr ihrer ursprünglichen Dicke zusammengedrückt, wie z. B. Fische aus dem Rotliegenden (*45 – 1, 2*). Zu den schönsten und besterhaltenen Versteinerungen zählen die Fossilien aus dem Devon bei Bundenbach im Hunsrück. Hier gelang es Forschern und erfahrenen Fossiliensammlern, in mühsamer Präparierarbeit mit Nadeln und feinsten Schabemessern Fossilien beispielhaft herauszupräparieren. Meist nur als Unebenheiten zu erkennen und kaum einmal genau parallel zur Schicht liegend, verdanken die oft bis in alle Einzelheiten vorhandenen Reste von Lebewesen des Devonmeeres ihren bestechend guten Erhaltungszustand einem hauchdünnen Pyrit- und Kieselsäureüberzug. Das Präparieren ist entsprechend mühsam. Die Lage des Fossils erfordert, arbeitet man ohne Röntgenaufnahme, sehr behutsames Vorgehen.
In Geologischen Instituten helfen neben Röntgenaufnahmen auch Sandstrahlgeräte, Fossilien aus dem Hunsrückschiefer einwandfrei freizulegen. Dort werden auch Messingbürsten abgelehnt, weil sie die Feinheiten am Fossil zerstören. Spezielle Literatur mag dem Sammler im Hunsrückschiefer Anregungen zu bestem Präparierverhalten vermitteln. Mein einziges und daher bestes Fossilstück aus Bundenbach (*26 – 4*) erhielt ich messingbürstengeputzt von einer Fossiliensammlerin. Mit Bronzebürsten vermeidet man den von Messingbürsten auch auf nicht pyritisierten, festen Teilen zurückbleibenden Messingglanz.
Es gibt dafür wohl auch keine chemischen Präparierhilfen, und selbst Heiß-Kalt-Therapien sollen nicht helfen können: bleiben also Lupe, scharfe Messerchen, Nadeln und Konzentration sowie sicher auch ein wenig Glück!

Fossilien im Pflanzenschiefer des Karbon

Unter subtropischen Umweltbedingungen, in küstennahen und feuchten Gebieten entwickelten sich die heute zu Kohle umgewandelten Pflanzen der Karbonzeit. Man stößt im Kohlenflöz, in der Kohle selbst, selten auf erkennbare Pflanzenteile. Die Zellsubstanz hat sich in Kohle umgewandelt. Doch findet man in manchen Kohlenflözen Torfdolomi-

Tafel 21

Weil die Fossilien im Nattheimer Kalk verkieselt sind, kann man sie durch vorsichtiges Behandeln mit Salzsäure im Zusammenhang freilegen und damit ein (hier 16 cm hohes) Stück urzeitlichen Meeresbodens zeigen.

te, das sind Dolomitknollen, die versteinerte Pflanzenreste enthalten. Durch Dünn- und Anschliffe, ggf. mit Farbzusätzen, können darin enthaltene Pflanzenreste erkannt und bestimmt werden.

Der Fossiliensammler sucht seine Pflanzenreste in den Schichten über den Kohlenflözen, in den Pflanzenschiefern, die als Abraum gefördert werden. Dort findet er unter anderem die typischen Rindenabdrücke von Schuppenbaum und Siegelbaum (*27 - 1, 2*). Aber auch plastische Reste, also Steinkerne von den hohlstämmigen Calamiten oder zarte Blattabdrücke von Farnen (*27 - 3, 4*). Er hat wenig Präparierarbeit mit seinen Fundstücken. Allenfalls sind Kohlereste mit der Präpariernadel aus den Rindenstrukturen zu entfernen. Auch das Bestimmen macht Spaß, weil gute Literatur und vorbildliche Museumsausstellungen weitere Hinweise geben.

Die Gesteine aus dem Liegenden der Kohlenflöze lassen sich wegen der dort fossilisierten Wurzelböden meist weniger gut spalten.

Fossilien im Pflanzenschiefer des Randecker Maares

Harte, dünnplattige Schiefergesteine mit Kalk und verkieselten Lavaresten (Dysodil) bieten dem Fossiliensammler im Randecker Maar bei Weilheim am Nordrand der Schwäbischen Alb durch ihren Fossilreichtum an Pflanzenresten (*56 - 3*) und Insekten ein Bild von der Lebewelt im Sarmatium des Tertiärs (*s. Tabelle, Seite 24*) vor ca. 10-15 Millionen Jahren.

Im Aufschluß lassen sich diese harten Platten kaum gleichmäßig aufspalten. Erhitzen im Backofen und anschließendes Abkühlen in eiskaltem Wasser wird als erfolgversprechendes Rezept empfohlen. Eine Lösung, die man auch bei ähnlichen Schieferplatten erproben sollte.

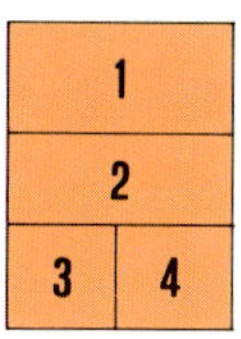

Tafel 22 (Seite 52)

1 Ein 20 cm großes Schichtstück von miozänem Öhninger Kalk zeigt die nicht parallele Schichtfolge, die sich erst durch Auswittern leichter löst.
2 Positiv und Negativ eines 6 cm großen, typisch plattgedrückten Ammoniten aus dem Solnhofener Plattenkalk, Malm Zeta (Tithon).
3 Häufiges Fossil im Plattenkalk: die, hier 4 cm große, schwimmende Seelilie *Saccocoma pectinata* GOLDFUSS.
4 Knochenfisch (insgesamt ca. 25 cm) im Plattenkalk. Mit Präpariermesser und Nadel wird er vorsichtig freigelegt.

Tafel 23 (Seite 54)

1 Fossilien in Platten schützt man durch Einbinden der Platten zwischen zwei harte Pappen.
2 und 3 Diese mit Fühlern 5 cm große Wasserwanze *Mesobelostomum* ist ein seltener Fund aus den Eichstätter Plattenkalken. Der vertiefte Abdruck (3) zeigt Reste des in Rückenlage eingebetteten Fossils auf der oberen Platte, der plastische Fossilteil liegt auf der unteren Platte.

Tafel 24 (Seite 55)

1 Ein 6 cm großer Schlangenstern *Geocoma carinata* GOLDFUSS.
2 Nur noch als Hauch erkennbarer, 6 cm großer Häutungsrest mit Gliederfüßen von einem jungen Zehnfüßerkrebs im Plattenkalk von Langenaltheim.
3 und 4 Pflanzliche Reste aus dem Plattenkalk sind im allgemeinen schwer zu bestimmen; der Fossiliensammler sucht noch nach geeigneter Literatur. Linke Pflanze 9 cm groß; Stengelbreite der rechten Pflanze 1,5 cm.

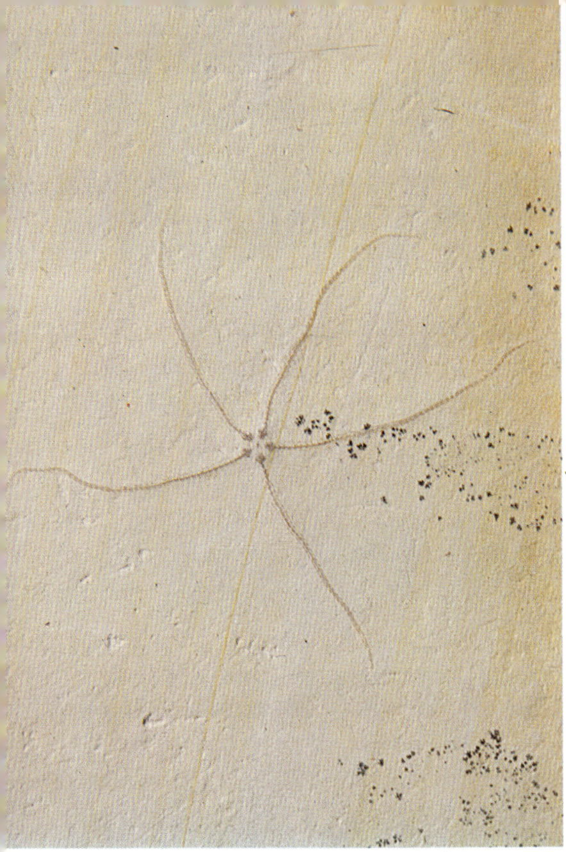

Fossilien aus oolithischen Schichten

In Wasser gelöste Stoffe können sich, meist in der Brandungszone, an Kristallisationskerne anlagern und kleine Kügelchen, d. h. Ooide bilden. Daraus entstandene Gesteine nennt man Oolithe. Es gibt:
Eisenoolith aus Braun- oder Roteisensteinkügelchen;
Kieseloolith aus Kalkkügelchen durch Kieselsäure gebunden;
Rogenstein aus Kalkkügelchen durch Sand verkittet und
Erbsenstein aus Aragonitkügelchen durch Kalk verkittet.
Als Beispiel soll hier nur auf Fossilien im Eisenoolith eingegangen werden.
Eisenhaltige Schichten geben dem Braunen Jura seinen Namen, weil sie die Mehrzahl seiner Schichten farblich prägen. Wegen mangelnder Ergiebigkeit vor Jahrzehnten geschlossene Eisenerzgruben lassen den Fossiliensammler immer wieder in fossilreichen Schichten Versteinerungen im Eisenoolith finden. Oft in harten Gesteinsbrokken eingeschlossen, lassen sich die Fossilien von den eisenhaltigen Kügelchen mechanisch mit Meißel, Messer und Nadel befreien. Musterbeispiel dafür sind die Fossilien aus dem Mittleren Dogger von Sengenthal, Oberpfalz. Im Gestein kaum zu entdecken, lassen sich Ammoniten so prächtig präparieren, daß sie schließlich wie aus Kunststoff gegossen aussehen (*Tafel 28*).
Eisenoolithische Schichten enthalten im Mittleren Dogger auch die Riesenbelemniten (*29 - 3*), die meist aus Bruchstücken zusammengefügt werden müssen (*43 - 3*). Der Fossiliensammler legt einen großen Belemnitenrest sorgfältig frei, hebt vorsichtig Stück für Stück des Fossils ab und wickelt es in Zeitungspapier (*29 - 1, 2*). Er fügt einen Zettel mit einer Kennziffer bei, die den Zusammenhang der Stücke sicherstellt. Er packt alle Bruchstücke eines Fossils in einen festen Beutel zusammen, um kein Teil zu verlieren.
Im Dogger Gamma (Bajocium) von Nenningen konnte man 1977 bei einem Staubekkenbau Ammoniten aus den eisenhaltigen Schichten bergen und sogar 45 cm große Exemplare bis in die Innenwindungen einwandfrei präparieren (*29 - 4*).
Wie unterschiedlich die Ablagerungsschichten sein können, erfährt der Versteinerungen Suchende in den Schichten des Braunen Jura Beta (Aalenium). Während bei Aalen und Wasseralfingen im Ostteil der Schwäbischen Alb eisenerzhaltige, braunrote Oolithe vorliegen, findet er im Westteil bei Blumberg grünlichgraue Eisenoolithe (*29 - 5*), die sich wegen der Härte des Gesteins etwas schwieriger bearbeiten lassen. Die Mühe mit Hammer, Meißel, Messer, Nadel und Steinkleber wird aber oft durch besonders schöne Ausstellungsstücke belohnt (*20 - 4, 5, 6*).

Fossilien aus Konkretionen

Vom lateinischen concretio, d. h. Zusammenballung, leitet sich die Bezeichnung Konkretion ab. Diese Anhäufung von Mineralsubstanzen in einem Gestein geht meist von einem organischen Kern aus und erfolgt von innen nach außen. Fossiliensammler sprechen auch von Knollen, Knauern, Septarien oder Geoden (von griechisch geo-

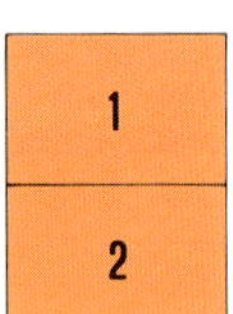

Tafel 25

1 Zwei Ausbildungen von aus Holz entstandenem Gagat: oben mit Barytadern durchsetzt, 15 cm breit; darunter glänzend schwarzer, muschelig brechender Gagat aus den Schiefertonen.
2 Auf der Suche nach Fossilien im Posidonienschiefer des Toarcium (Lias Epsilon) der Schwäbischen Alb.

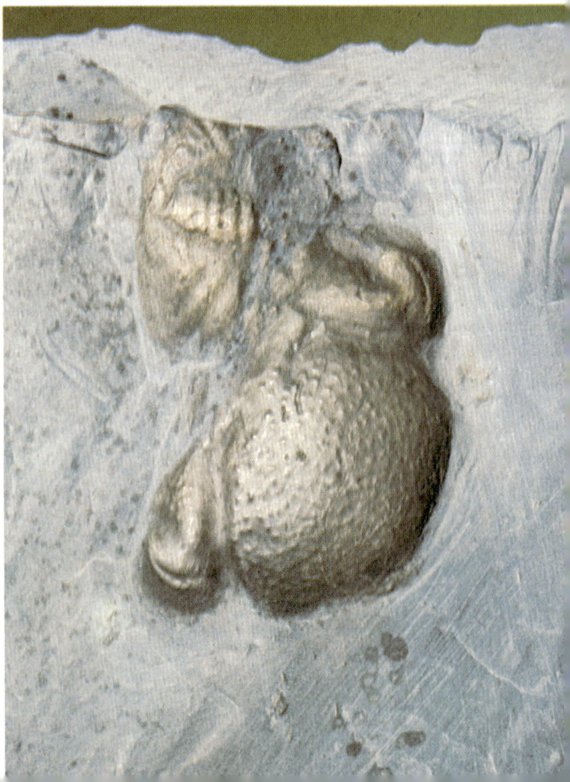

des, erdartig) und meinen dasselbe. Dennoch gibt es unterschiedliche Konkretionen, z. B. aus Ton, Kalk, Toneisenstein, Pyrit, Markasit, Sandstein oder Feuerstein.
Der Fossiliensammler betrachtet Konkretionen aufmerksam, denn sie enthalten mitunter Fossilien in sehr gutem Zustand. Oft verrät die Form den Fossilinhalt, z. B. bei Krebsen (*30 – 1*) oder Fischen, oder es treten Fossilteile hervor, z. B. bei Ammoniten. Auch für das Öffnen von Konkretionen gibt es kein gültiges Rezept. In erster Linie ist es die Heiß-Kalt-Therapie, die das eingeschlossene Fossil so vom umgebenden Gestein ablösen kann, daß die Knolle dann nur noch mit einem leichten Hammerschlag geöffnet werden muß. Es bleibt Erfahrungssache, wohin der Schlag geführt wird, weil sich die Konkretionen in Art, Form und Inhalt unterscheiden. Eine um einen Krebs entstandene Kalkkonkretion ließ nur vorsichtiges Aufspalten zu (*30 – 2*). Kräftige Pyritbildungen im Innern einer Knolle, z. B. um einen Krebs herum, können die Präparation unmöglich machen.
Um einen in Ton pyritisierten Ammoniten bilden sich die Tonknollen (*31 – 1*) genauso von innen nach außen, wie bei den Toneisensteinknollen aus dem Rotliegenden von Lebach, die hier „nur“ einen Koprolithen, den vererzten Auswurf eines Sauriers, enthalten (*31 – 3*). Die Tonknollen oder Kalkknollen aus Unterstürmig lassen sich dagegen leichter aufklopfen (*31 – 4*). Die Kreideschalen von Ammoniten kann man leicht abbürsten und damit den oft schöneren kalzitisierten Steinkern freilegen.
Auch in Sandablagerungen bilden organische Reste den Ausgangspunkt von Konkretionen und Kristallbildungen. So konnte ich 1975 im Sand der Oberen Süßwassermolasse auf den romantischen Konkretionsformen (*31 – 2*) der Zapfensande von Ochsenhausen bei Biberach Sandkristalle, aber

Tafel 26 (Seite 58)
1 Die bis zu 1 cm großen Schalen der Muschel *Steinmannia bronnii* (VOLTZ), früher *„Posidonia bronnii“* bedecken einzelne Schichtflächen in Massen und verhalfen dem „Posidonienschiefer“ zu seinem Namen.
2 Mit hornigem Schulp blieb dieser 16 cm große *Geoteuthis bollensis* (ZIETEN) (neu: *Belopeltis aalensis*) erhalten und zeigt noch Vertiefung und Reste seines Tintenbeutels.
3 Der 13 cm große Ammonit *Lytoceras fimbriatum* (ZIETEN) hebt sich von der mit Fluat behandelten Schieferfläche gut ab.
4 Kopfschild und Schwanzschild eines 5 cm großen Trilobiten *Phacops* aus dem devonischen Hunsrückschiefer von Bundenbach. Möglicherweise ein Häutungsrest, da beide Teile zwar nebeneinander, aber nicht im ursprünglichen Zusammenhang liegen.

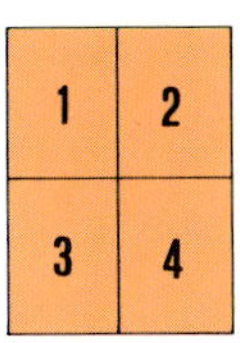

Tafel 27 (Seite 60)
Pflanzen aus dem Karbon:
1 Rindenabdruck eines Schuppenbaumstammes *Lepidodendron* mit den 2,5 cm großen Narben der Blattansätze; Westfal C, Ibbenbüren.
2 Rindenabdruck eines Siegelbaumes *Sigillaria* mit den in 1 cm breiten Längsreihen angeordneten Blattnarben; Westfal C, Ibbenbüren.
3 Stammstück (10 cm breit) eines Calamiten mit den Stammgliedern (Internodien) zwischen zwei Knoten, den Narben der Blattquirle; Westfal C, Ibbenbüren.
4 Blattwedel (7 x 8 cm) eines Baumfarnes *Pecopteris*; Westfal D, Piesberg.

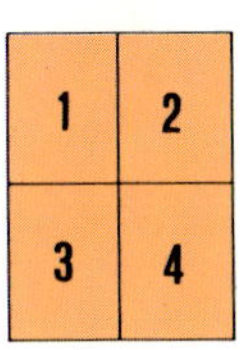

Tafel 28 (Seite 61)
1 Ein 15 cm großer Ammonit *Macrocephalites*, der im Eisenoolith des Callovium (Dogger Zeta) kaum zu erkennen ist.
2 Ein freipräparierter, 15 cm großer *Macrocephalites macrocephalus* SCHLOTHEIM aus Albstadt, Schwäbische Alb.
3 *Parkinsonia parkinsoni* SOWERBY, (6 cm) aus dem Bathonium (Dogger Delta) von Sengenthal, Oberpfalz, im Anfangsstadium der Präparation.
4 Präparierter *Parkinsonia* (6 cm).

auch einzelne Sandkristallrosen und bis 5 cm große kalzitische Sandkristalle entdekken, die von fossilen Baumresten ausgegangen waren (*Tafel 32*).
Von den durch ihren Kristallglanz beeindruckenden Pyritkonkretionen (*33 – 2*) entfernt der Fossiliensammler mit feinen Meißeln und Nadeln Tonsteinreste; er kann sich auch mit verdünnter Salzsäure (*siehe auch Seite 136*) helfen.
Feuersteinknollen, aus den Ablagerungen der Kreidezeit bekannt und im norddeutschen Geschiebe mitunter die Grenzmarke der Eiszeiten kennzeichnend, enthalten in Chalzedon, Jaspis und Opal verfestigte Fossilreste oder umschließen mit ihrem amorphen, nicht kristallinen Quarz durch Kieselsäure gefestigte Fossilien (*6 – 4*).

Fossilansammlungen

So wie heute Muschelschalen und Schnekkengehäuse an den Meeresküsten zusammengeschwemmt werden, so sind auch vor Jahrmillionen Reste von Meerestieren oft in großen Mengen eingebettet worden. Natürlich muß das nicht immer mit der Strömung oder mit extrem hoher Individuenzahl zusammenhängen. Es gibt viele Faktoren, die zu Fossilansammlungen, wie den Fossilpflastern oder Fossilbrekzien führen. Zu gewaltiger Anzahl zusammengeschwemmt sind diese Organismenreste von ihrem Lebensraum oft weit entfernt eingebettet worden.
Staunend steht der Fossiliensammler vor den oft mehrere Meter mächtigen Schichten, die im Schwarzen Jura Alpha 3 (Unteres Sinemurium) durch die „gesteinsbildende“ Auster *Gryphaea arcuata* entstanden. Er nimmt ein Stück davon (*33 – 1*) für seine Sammlung mit und wird das auch bei anderen Fossilpflastern tun: bei den Schneckenschichten im Angulatensandstein des Lias Alpha 2 (Hettangium) und bei den im Muschelkalk der Trias anzutreffenden Schichten mit Seelilienstengelgliedern (*34 – 1*).
Optisch noch auffallender, aber auch mit mehr Präparieraufwand verbunden, bilden Belemniten-, Ammoniten- oder Schneckenanhäufungen (*34 – 2, 3*) die Attraktion mancher Sammlung. Ein feuchtfrisches Schichtstück eines Brackwassermolasse-Aufschlusses im Tertiär Oberschwabens mit Milliarden kleiner Dreissensia-Muscheln (*34 – 3, 4*) mag Beispiel sein für die unermeßliche Menge an Fossilien, die noch in der Erde verborgen liegen oder in Aufschlüssen für immer zerfallen.

Fossilien in Bernstein

Die Bezeichnung Bernstein leitet sich aus dem niederdeutschen börnen, d. h. brennen ab, denn Bernstein ist brennbar. Berühmt wurde der Baltische Bernstein, er hat die chemische Formel $C_{10}H_{16}O$, der wegen seiner vorwiegenden Herkunft von der Kiefer *Pinus succinifera* auch „Succinit“ genannt wird. Diese versteinerten Pflanzensäfte (Harze) entstanden wohl im jüngeren Eozän vor ca. 40 Millionen Jahren und wurden später in die oligozänen blauen Ablagerungen der Samlandküste verfrachtet und eingebettet.
Bernstein kennt man von vielen Stellen der Erde und aus Ablagerungen seit der Kar-

Tafel 29

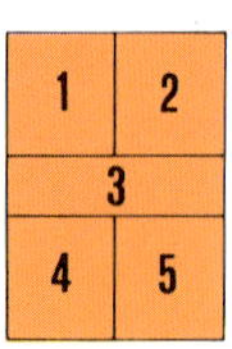

1 Freilegen eines 45 cm großen Belemniten im Dogger Delta bei Bopfingen.
2 Sorgfältig werden die Bruchstücke des Belemniten geborgen und eingepackt.
3 Zusammengeklebter, 35 cm großer *Megateuthis giganteus* (SCHLOTHEIM) aus Bopfingen.
4 *Sonninia tessoniana* D'ORBIGNY (45 cm) aus dem Bajocium (Dogger Gamma) von Nenningen, Schwäbische Alb.
5 Ein 7 cm großer Ichthyosaurierwirbel aus dem Chamosit-Oolith des Aalenium (Dogger Beta), Wutachgebiet.

Estwing
Autohaus
Saur KG
Sonderschau

bonzeit. Jüngere, bis ca. 1 Million Jahre alte Reste von Pflanzenharzen heißen Kopal.
Fossile Einschlüsse (Inklusen) zeigen im durchsichtigen Bernstein Einzelheiten der äußeren Körpergestalt (Morphologie) dieser Organismen bis zu weniger als einem tausendstel Millimeter, obwohl sie meist nur aus Fossilhohlräumen bestehen. Die eingeschlossenen Lebensreste, vorwiegend Insekten, Spinnen und Milben, bleiben unverdrückt erhalten (*Tafel 35*).
Es gibt viele Fundstellen für Bernstein mit Fossileinschlüssen. Dieter Schlee und Werner Glöckner berichten in Heft 8 der Stuttgarter Beiträge zur Naturkunde („Bernstein“ 1978) über alle bekannten Fundplätze der Erde. Neben dem Baltischen Bernstein über die oligozänen Vorkommen auf der Insel Haiti (Dominikanischer Bernstein) und über die bisher ältesten Inklusenfunde in Schichten der Unterkreide im Libanongebirge (Libanon-Bernstein).

Vielfach versperren rauhe Oberflächen und Risse den Blick in Bernsteinfundstücke. Sie werden durchsichtiger durch Einlegen in das farblos-ölige Benzylbenzoat (Benzoesäurebenzylester, $C_{14}H_{12}O_2$), ein mit Vorsicht anzuwendendes Mittel, dessen Dämpfe Schluckbeschwerden hervorrufen.
Läßt man Bernstein jahrzehntelang im Freien und im Hellen liegen, verfärbt er sich granatrot. Es gibt spezielle Laborverfahren zum Aufhellen von Bernstein. Nach wochenlanger starker UV-Bestrahlung kann Bernstein zu weißem Pulver zerfallen.
Im Libanon findet man vorwiegend spröde Bernsteinstücke. Erst wenn sie in einen Gießharzmantel aus Polyesterharz und Härter eingebettet sind, können sie wissenschaftlich bearbeitet werden. Dazu werden die Gießharzblöcke sorgfältig an Schleifmaschinen grob und fein angeschliffen und schließlich mit feinster Schleifpapierkörnung (800) poliert.

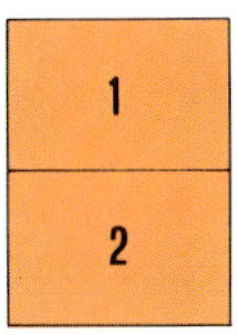

Tafel 30 (Seite 64)

1 Eine um einen Krebs herum entstandene, 14 cm große Konkretion, die dessen Form noch undeutlich abbildet.
2 In einer aufgebrochenen Kalkknolle: ein ohne Antennen 12 cm großer Krebs *Antrimpos kiliani* aus dem Callovium (Oberer Dogger) von La Voulte, Südfrankreich.

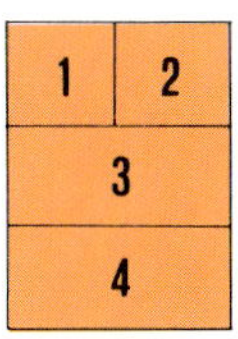

Tafel 31 (Seite 66)
1 Tonkonkretion an einem Ammoniten *Schlotheimia angulata* SCHLOTHEIM (6 cm) von Buer bei Osnabrück.
2 „Entchen“, zapfenartige, 11 cm große Sandkonkretion mit von Fließwasser abgeschliffenen Sandkristallen, im Sand der tertiären Oberen Süßwassermolasse von Ochsenhausen, Oberschwaben.
3 Toneisensteinkonkretion, 15 cm. Darin eingeschlossen vererzter Koprolith aus den Lebacher Schichten des Rotliegenden, Unterperm.
4 *Pleuroceras spinatum* BRUGUIERE (7 cm) mit kreidiger, weißer Schale in Kalkkonkretion eingeschlossen.

Tafel 32 (Seite 67)

Kalzitische Sandkristalle (5 cm lang), die von einem fossilen Baumrest ausgehen; entdeckt im Sand der Oberen Süßwassermolasse in Ochsenhausen bei Biberach, Oberschwaben.

Die Lebewelt der Urzeit

Der Fossiliensammler wird sich mit Form und Anatomie der Pflanzen und Tiere beschäftigen müssen, deren Reste er finden kann oder präparieren möchte. Hier sei nur ein flüchtiger, unvollkommener Abriß der Entwicklung von Pflanzen- und Tierwelt als Anregung zur Vertiefung, z. B. durch Fachliteratur (*siehe Seite 141*), gegeben. – Manche Einzelheiten des Lebensbildes von Tieren und Pflanzen aus Urzeiten sind heute noch verborgen, umstritten oder nicht allgemein bekannt. Die Bilder auf den folgenden Seiten können deshalb nur einen ungefähren Eindruck von der Gestalt urzeitlicher Lebewesen vermitteln.
Zunächst unvorstellbar langsam, dann aber geradezu explosionsartig erobern und beherrschen Pflanzen und Tiere Wasser und Land der Erde. Dabei gehen die Pflanzen den Tieren voran, schaffen ihnen Nahrungsquellen und Lebensbedingungen.

Die Entwicklung des Lebens

Das Leben entwickelte sich aus dem Meer heraus. Ein sehr üppiges Algenwachstum schon in der Vorzeit lagerte mächtige Algenformationen in Form von Algenkalken, oft durch kohlige Beimengungen schwarz gefärbt, und bitumenhaltige, schieferige Schichten ab. Vom Kambrium an treten erkennbare und bestimmbare Fossilreste auf.

Erdgeschichte
in Milliarden Jahren

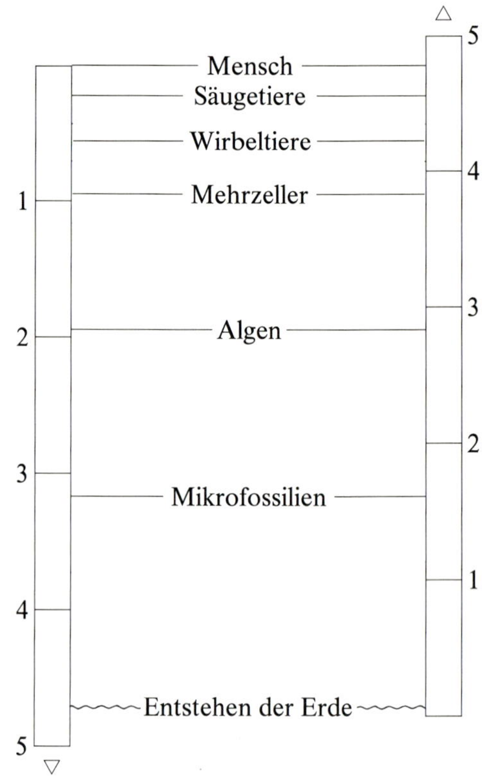

Im Ordovizium entfalteten sich dann die verschiedenen Stämme der wirbellosen Tiere außerordentlich mannigfaltig. Die ersten Sproßpflanzen entwickelten sich im flachen

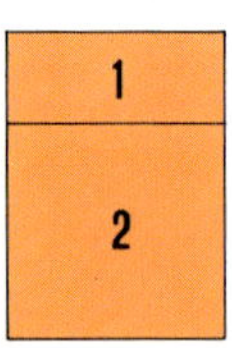

Tafel 33

1 Oft gesteinsbildend: *Gryphaea arcuata* LAMARCK (5–7 cm) aus dem Sinemurium (Lias Alpha 3) von Schwäbisch Gmünd.
2 Von einer Pyritkonkretion fast ganz umschlossener, 3,5 cm großer Ammonit *Pleuroceras reichenbachense* SCHLEGELMILCH.

Wasser vom ausgehenden Silur an und begannen auch das Festland zu besiedeln.
Quastenflosser und Lungenfische zeigten Ansätze zu vier Gliedmaßen (*Abb. 16*). Krustentiere, Schnecken, Skorpione und Gliederfüßer wagten sich vom Devon ab, den Pflanzen folgend, an Land. Dort entstanden aus Würmern und Krustentieren Vorläufer unserer Insekten.
Im Küstensumpf lebten während der Devonzeit erste Amphibien, z. B. Lurche, die sich sowohl im Wasser wie auf dem Lande aufhielten. Im Karbon wuchsen unter subtropischen Bedingungen in den Küstensümpfen und in manchen feuchten Binnengebieten riesige Bärlapp-, Schachtelhalm- und Farngewächse, das Ausgangsmaterial unserer Steinkohle.

Abb. 2: *Seymouria,* bis ca. 60 cm groß, Perm, ein Zwischenglied zwischen Lurch und Reptil, galt lange Zeit als das „Urreptil", das man nach neuesten Erkenntnissen unter den Karbonsauriern vermutet.

Nacktsamerpflanzen und hier besonders die Nadelhölzer traten im Perm auf und drangen weiter auf das Land vor. Die aus den Amphibien hervorgegangenen Reptilien konnten sich gegen Trockenheit besser schützen und folgten den Pflanzen auf die Landgebiete.

Im Erdmittelalter traten neue Tiergruppen auf, wie die echten Ammoniten, die höheren Seeigel und Krebse, neue Muschel- und Schneckengruppen sowie erste Knochenfische. Unter günstigen Lebensbedingungen entwickelten sich riesige Saurier. Vorläufer der Säugetiere und vogelähnliche, bezahnte Tiere stellten den Übergang zu Säugetieren und Vögeln her, die sich aber erst voll entfalteten, nachdem ihnen zu Ende der Kreidezeit die Bedecktsamer-Blütenpflanzen die Lebensgrundlage geschaffen hatten. Das Leben auf dem Festland breitete sich dann fast explosionsartig aus. Klimagegensätze, aber auch gebirgsbildende Vorgänge veränderten Landschaften und Meeresverhältnisse. Neue Arten bildeten sich, und Tiergruppen wie Ammoniten, Belemniten und Saurier starben aus. Vor allem Säugetiere, Vögel, Schnecken und höhere Insekten profitierten und profitieren bis heute von der das Land bedeckenden Pflanzen- und Bodenschicht.

Die Pflanzenwelt (Flora)

Sporen und Algen

Pflanzliche, 3 Milliarden Jahre alte Sporen und bakterienähnliche Gebilde und etwa 2 Milliarden Jahre alte einzellige, vermutlich schon mit Zellkernen versehene, algenähnliche Fossilien wurden im Süden Afrikas gefunden, dort wo man auch Reste des 2 Millionen Jahre alten, wahrscheinlich frühesten menschlichen Wesens, des Oldovai-Menschen, entdeckte.
Einzellige, mikroskopisch kleine Kieselalgen (Diatomeen) traten seit dem Jura in sol-

Tafel 34

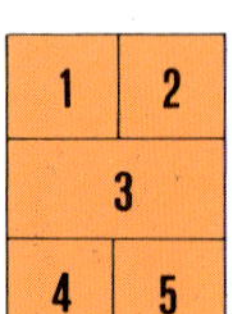

1 Seelilienstengelglieder (bis ca. 7 mm Durchmesser) *Encrinus liliiformis* LAMARCK im Muschelkalk bei Crailsheim.
2 Ammonitenansammlung (10 cm) mit *Pleuroceras* aus dem Oberen Pliensbachium (Lias Delta) von Unterstürmig. Fränkischer Jura.
3 Anhäufung von 2 cm großen Turmschnecken *Paraglauconia strombiformis* (SOWERBY) aus Tonschichten der Unterkreide von Sachsenhagen.
4 Dreissensiaaufschluß der Brackwassermolasse an der Iller bei Ulm (Kirchberger Schichten).
5 Handstück aus der Dreissensiabank, 12 cm.

Abb. 3: Pflanzen aus dem Erdaltertum.
1 Nacktfarn (Psilophyt), Unterdevon; 2 Siegelbaum (Sigillaria), Karbon; 3 Schuppenbaum (Lepidodendron), Karbon; 4 Schachtelhalmgewächs (Calamites), Karbon; 5 Cordait, Karbon; 6 Nadelbaum (Konifere) Araucarie, Perm; 7 Ginkgobaum, Perm; 8 Farnsamer (Pteridosperme), Karbon; 9 Baumfarn, Karbon.

chen Mengen auf, daß ihre Hüllskelettreste gesteinsbildend zu Kieselgur oder Diatomeenerde wurden.

Sporenpflanzen

Mehrzellige Lebensformen sind erstmals in etwa 700 Millionen Jahre alten Formationen gefunden worden. Vor 400 Millionen Jahren, an der Wende von Silur zu Devon, dringen Nacktfarne und blattlose Sproßpflanzen mit Gefäßsystemen auf das Land vor. Aus diesen Urfarnen leitet man die Höheren Sporenpflanzen ab, die von ihren Sprossen Blätter abgliedern. Die riesigen Bärlappgewächse im Karbon, wie z.B. Siegel- und Schuppenbäume, ließen uns ihre Rindenabdrücke (*27–1, 2*) zurück und meist kleinwüchsige, krautige, kriechende oder rankende Nachfahren.
Im Karbon verbreiteten sich Farngewächse, die noch heute ähnliche Blattformen zeigen. Die zu den Schachtelhalmgewächsen zählenden Calamiten sind die Vorläufer unserer heutigen Schachtelhalme (*Equisetum, 36–1*), die ebenso wie die karbonischen Calamiten (*27–3*) in der Trias Baumgröße erreichten.

Nacktsamer (*Gymnospermen*)

Schon in der Zeit der Sporenpflanzen im Karbon erschienen auch die Nacktsamer mit auf den Fruchtblättern offenliegenden Samenanlagen. Die nach dem Prager Botaniker Corda benannten Cordaiten, oft bis 40 m hohe Bäume, starben schon im Perm wieder aus. Sie ähnelten äußerlich eher Laubbäumen, standen aber mit ihren Tüpfelzellen im Holzkörper den Koniferen näher. Diese verbreiteten sich vom Perm an bis zur Gegenwart. Den Nadelhölzern nahe stehen auch die Ginkgobäume (Salisburien), die sich im Perm in zahlreiche Arten aufsplitterten, heute aber nur noch in dem chinesischen *Ginkgo biloba* als „lebendes Fossil" erhalten sind. Einen ganz anderen, äußerlich farnartigen Nacktsamertyp stellen die Farnsamer (Pteridospermen) dar, die schon im Erdmittelalter wieder ausstarben. An sie schließen die im Mesozoikum reich entwickelten Palmfarne an, von denen heute nur noch wenige Arten vertreten sind.

Abb. 4: Entwicklung des Ginkgoblattes von Perm (ganz links) über Jura und Kreidezeit bis zur Gegenwart (rechts).

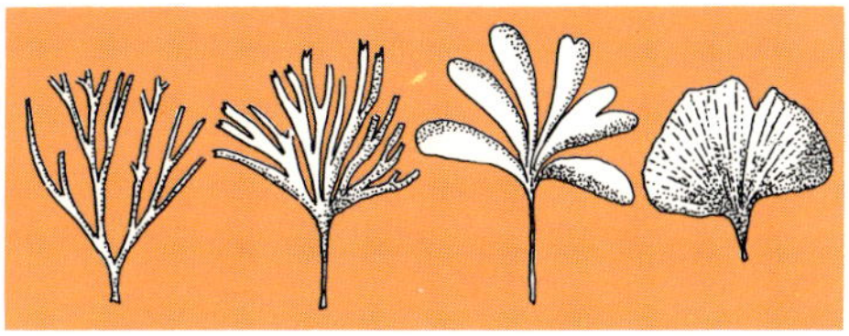

Bedecktsamer (*Angiospermen*)

Bedecktsamer sind unsere höchstentwickelten Blütenpflanzen. Ihr Samen ist durch einen Fruchtknoten geschützt. Pollen, welche die Existenz von Bedecktsamern wahrscheinlich machen, fand man schon in Ablagerungen der Trias und des Jura. Angiospermenreste selber sind seit der Unterkreide bekannt und beherrschen seit dem Tertiär die Vegetation (*Tafel 11*). Fast alle Laubbäume, Sträucher, Kräuter und Gräser gehören zu den Angiospermen (*36–2, 3*), die praktisch das Erbe der Nacktsamer angetreten haben.

Die Tierwelt (Fauna)

So schwer es auch dem wenig geübten Fossiliensammler fallen mag, aus Andeutungen im Gestein auf einen eingebetteten fossilen Lebensrest zu schließen, er mag sich mit dem Schweizer Johann Jakob Scheuchzer trösten, der um 1726 die Skelettreste eines Riesensalamanders aus den tertiären Öhninger Schichten als Reste eines in der Sintflut umgekommenen Menschen deutete.

Einzeller

Einzellige Tiere, wie die nur mikrosk pisch sichtbaren Strahlentierchen (Radiolarien) oder die schon bis zu einigen Zentimetern großen Porentierchen (Foraminiferen), kennt man seit dem Kambrium. Im Karbon

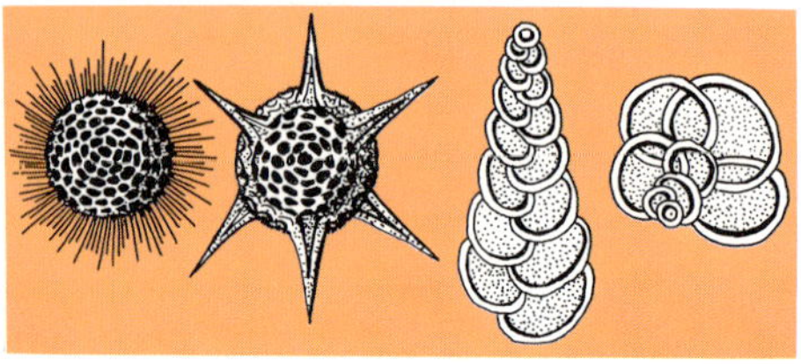

Abb. 5: Radiolarien, winzige Einzeller mit radialstrahligem Kieselskelett (linke Bildhälfte), und Foraminiferen (rechte Bildhälfte). Hier zwei Beispiele von bis 1 cm großen Arten dieser Einzeller mit gekammerter Kalkschale.

und Perm und später im Tertiär als bis zu 6 cm große, münzenförmige (daher auch der Name) Nummuliten traten sie massenhaft und oft gesteinsbildend auf (*37–1*).

Schwämme (*Poriferen*)

Fest verwachsen mit seinem Untergrund besteht ein Schwammkörper aus einem zentralen Hohlraum und einer perforierten Außenwand. Je nach Skelettmaterial unterscheidet man Horn-, Kalk- und Kieselschwämme. Sie leben als Einzelwesen (*37–3*) oder als Gemeinschaft, wobei unzählige Schwammgenerationen auf den Skeletten abgestorbener Schwammgerüste aufbauen und so Riffe und Schwammfelsen bilden.

Wassertiere (*Hydrozoen*)

Kalkausscheidend oder von einem Kalkgerüst umgeben, zählen Nesselpolypen und Quallen zu den Wassertieren, die man mit den Korallen (Zoantharia) und einigen anderen Gruppen als Hohltiere (Coelenterata) bezeichnet.

Conularien

Vom Kambrium an bis in die Trias sind die aus einer hornähnlichen Substanz bestehenden Conularien verbreitet. Sie sind mit unseren heutigen Scyphomedusen, einem Quallentyp, verwandt.

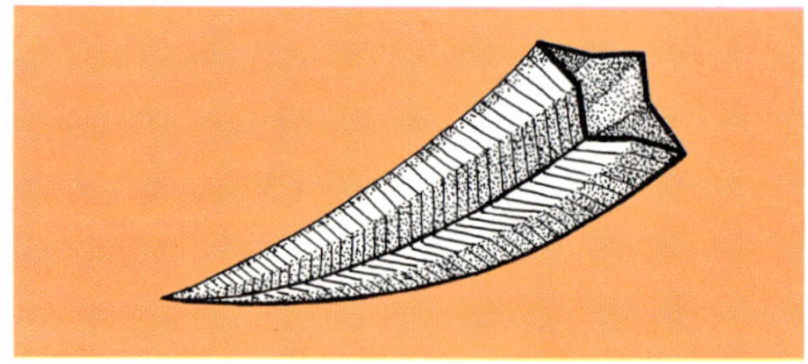

Abb. 6: Conularie; eine bis ca. 5 cm große (Einzelindividuen), ausgestorbene, vermutlich mit den Scyphomedusen verwandte Formengruppe aus dem Paläozoikum.

Korallen

Korallen kennt man seit dem Ordovizium. Sie traten sowohl als Einzelkorallen wie auch riffbildend als Stöcke auf. Typisch sind die in den Körperhohlraum strahlenartig hineinragenden Faltblätter (*37–2*), ein aragonitisches Stützskelett, das nur im oberen Teil von dem Korallentier bewohnt wurde.

Würmer

Von den nur in wenigen Fällen auch Hartteile hervorbringenden Würmern blieben fossil nur Grabgänge und die kalkigen, oft auf anderen Fossilresten aufgewachsenen Gehäuse der Röhrenwürmer erhalten (*37–4*).

Gliederfüßer (*Arthropoden*)

Die Gliederfüßer tragen oft einen hauchdünnen Hautpanzer (chitiniges Außenskelett) und besitzen paarige, gegliederte Extremitäten. Spinnen, Skorpione, Tausendfüßer, Insekten und Krebse sind Gliederfüßer. Neben den Wirbeltieren gehören sie zu den formenreichsten Tierstämmen.

Tafel 35

Schnellkäfer (3 mm) in Bernstein; Eozän, Samland.

Als Fossilien bedeutungsvoll sind nur Trilobiten und Krebse, da sie in ihren Chitinpanzer häufig Kalk einlagern und daher erhaltungs- und widerstandsfähig werden. Insekten, spinnenartige Tiere und Tausendfüßer bleiben nur unter besonderen Bedingungen fossil erhalten, beispielsweise im Tongestein der Karbonzeit, in Plattenkalken (*23 – 2, 3*), im Bernstein (*Tafel 35*) oder in jüngeren tertiären Schichten, wie den oligozänen Kalkschichten bei Céreste (*Tafel 38*) oder in den Dysodilschichten des Randecker Maars (*56 – 3*).

Dreilapper (Trilobiten)

Ein Trilobitenskelett untergliedert sich in Kopfschild, Rumpf mit Segmenten und Schwanzschild. Zwei Längsfurchen teilen

Abb. 7: Zu den häufig fossil zu findenden Gliederfüßern gehören die Trilobiten (1), hier *Dalmania*, aus dem Silur ca. 5 cm groß, und die Krebse. Hier als Beispiel ein Muschelkrebs, d. h. Ostracode (2), nur wenige Millimeter groß und ab dem Ordovizium auftretend. Dazu gehören auch ein millimetergroßer Kiemenfüßer, d. h. Branchiopode (3), ab dem Devon, und ein Zehnfüßerkrebs, d. h. Dekapode der Gattung *Penaeus* (4), ca. 15 cm groß, ab dem Perm auftretend.

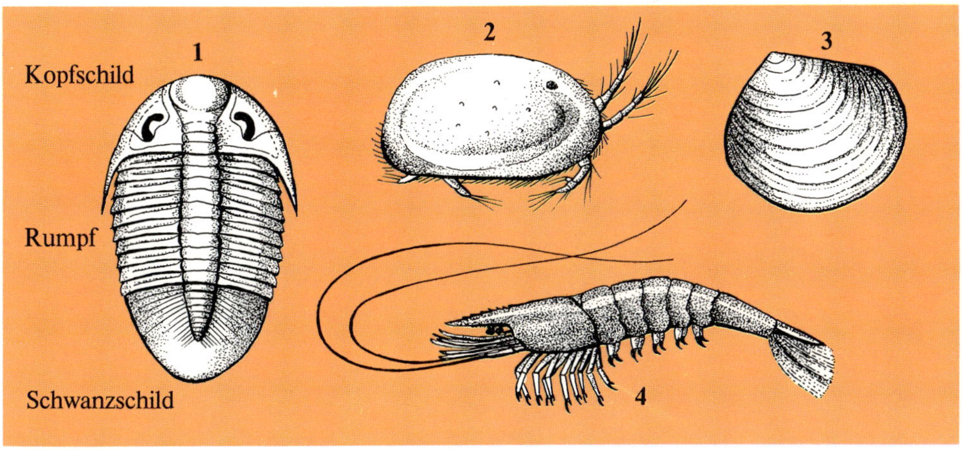

Tafel 36 (Seite 76)

1 *Neocalamites lehmannianus* GÖPPERT (Platte 16 cm breit), ein Schachtelhalmstammstück und Blattreste aus dem Rätolias bei Kulmbach.
2 Fruchtkapsel von *Podogonium* (7 cm lang) aus der Oberen Süßwassermolasse von Heggbach bei Biberach an der Riß.
3 Platanenblatt (10 cm) aus den vergleichbaren Öhninger Schichten vom Schienerberg bei Radolfzell.

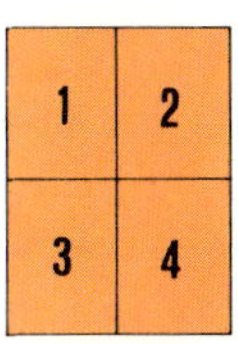

Tafel 37 (Seite 78)

1 Nummulitenkalkstück (10 cm breit) aus dem helvetischen Flysch, Eozän von Neubeuren, Oberbayern.
2 Korallenstück aus Nattheim bei Heidenheim mit den typischen Radialsepten der Koralle *Montlivaltia* (unten) und *Trochoziatus* (oben), Kimmeridgium (Malm Epsilon). Durchmesser der Korallen bis 2 cm.
3 Kieselschwamm *Siphonia* (10 cm) aus der Oberkreide von Paulmy, Frankreich.
4 Ein Röhrenwurm *(Serpula)* suchte sich ein Ammonitengehäuse (2 cm; *Echioceras*, Jura, Sinemurium = Lias Beta) als Unterlage und paßte sich an die spiralige Gehäuseform seines Wirtes an.

Tafel 38 (Seite 79)

Vor 30 Millionen Jahren lebte diese 1,5 cm große Fliege aus den oligozänen Plattenkalken von Céreste, Provence, Frankreich.

den Trilobit in die in der Mitte liegende Spindel und die Randgebiete, die Pleuren. Der mittlere Kopfteil wird als Glatze (Glabella) bezeichnet, die Kopfseitenteile heißen Wangen. Viele Trilobitenarten besaßen Facettenaugen, andere waren blind. Vom Kambrium bis zum Perm vorkommend, dienen Trilobiten (*39 – 1, 2*) oft als Leitfossilien (*siehe Seite 94*).

Krebse (Crustaceen)

Krebse atmen durch Kiemen und besitzen zwei Antennenpaare. Im Silur traten sehr häufig die meist nur zwischen 0,5 und 4 Millimeter großen Muschelkrebse (Ostracoden) auf, deren Körper von einer zweiklappigen, muschelähnlichen, verzierten Schale eingeschlossen wurde. Auch die etwa gleich großen, fossil besonders in Karbon und Trias zu findenden Kiemenfüßer (Branchiopoden) tragen Schalenpaare.

Zu den Rankenfüßern (Cirripediern), der einzigen seßhaften Gruppe der Krebse, gehören die Seepocken (*39 – 4*) und die Entenmuscheln. Die als Weichkruster bezeichneten Zehnfüßerkrebse (Dekapoden), die höheren Krebse, besitzen 2 – 3 Paar als Mundwerkzeuge dienende Kieferfüße und bis zu 5 Beinpaare, von denen das vorderste zu Scheren ausgebildet sein kann. An den kräftigen Kopf-Brust-Panzer schließt sich ein gegliederter Hinterleib an, der bei den Kurzschwanzkrebsen, den Krabben, unter dem Brustpanzer liegt. Mit einigem Glück findet man in der Trias, in den Ceratitenschichten des Oberen Muschelkalks, den plastisch im harten Kalk erhaltenen Krebs *Pemphix sueuri* (*39 – 3*). Aber auch in Tonschichten und im Plattenkalk zusammengepreßte oder in Konkretionen eingeschlossene Zehnfüßerkrebse (*Tafel 30*) kann der Sammler entdecken.

Armkiemer (*Brachiopoden*)

Ein Armkiemer (*40 – 1*) besitzt im allgemeinen eine kleine, obere und eine größere, untere Schale, die ein – bei einigen Gruppen ist es auch zugewachsen – Loch für einen hornigen Faden enthält, mit dem er sich festhalten kann. Brachiopoden werden, wohl wegen ihres spiraligen Armgerüstes im Innern, als Armkiemer bezeichnet. Ihre größte Formenvielfalt erreichten sie im Erdaltertum. Heute leben noch etwa 140 Arten. Der Fossiliensammler findet Brachiopoden oft herausgewittert (*19 – 1*) oder in Ansammlungen im Gestein vor.

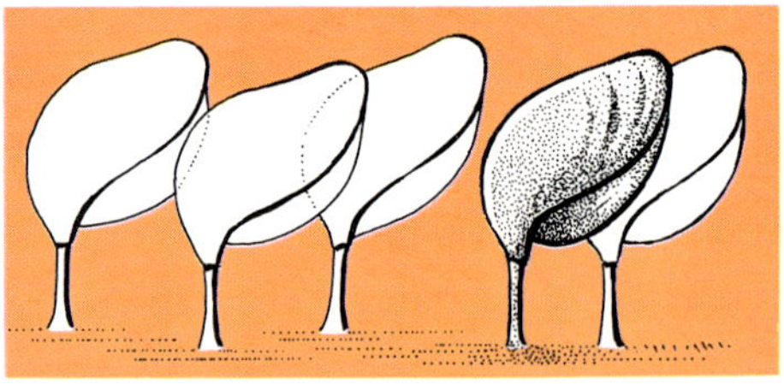

Abb. 8: Armfüßer (Brachiopoden), meist bis 5 cm groß, gibt es ab Kambrium. Als Beispiel die ab Devon bekannten Terebrateln.

Moostierchen (*Bryozoen*)

Bryozoen haben eine den Brachiopoden sehr ähnliche Weichkörperorganisation. Aber das Einzelwesen bleibt so klein, daß es zur Kolonie- oder Stockbildung kommt.

Tafel 39

1	2
3	
4	

1 Trilobit *Phacops* (6 cm) aus Devonablagerungen in Frankreich. Zu erkennen sind Kopfschild mit Glatze und Facettenaugen und Rumpfschild mit den Segmenten (Pleuren), während der Schwanzschild unter dem Rumpf eingebogen liegt.
2 Zwei Zentimeter großer Trilobit mit typischer, dreiteiliger Längs- und Quergliederung, aus dem Mittelkambrium: *Elrathia kingii* (MEEK), zu der Familie der Oleniden gehörend, Utah, USA.
3 Zehnfüßerkrebs *Pemphix sueuri* DESMAREST (8 cm) aus dem Trias, Oberer Muschelkalk von Haigerloch, Schwäbische Alb.
4 Eine Gruppe von 1 cm großen Seepocken *(Balanus)* auf einer Terebratel aufgewachsen; Oligozän, Astrup bei Osnabrück.

Bryozoenkolonien finden sich in sämtlichen Formationen seit dem Ordovizium. Im jüngeren Tertiär fallen sie dem Fossiliensammler z. B. als kugelige feindurchlöcherte (*40–2*), als himbeerförmige (*9–2*) oder als geweihförmige Kalkreste auf.

Muscheln (*Lamellibranchiaten*)
Die Muscheln besitzen wie die Brachiopoden zwei Schalenklappen, die aber rechts und links zum Weichkörper liegen. Die Schalen bestehen aus Kalzit oder Aragonit und können deshalb meist gut versteinern. Neben der Schalenform kennzeichnen Schloß, eine Art Scharnier zur Drehbewegung der Schalen, und Schließmuskelansätze die vielfältigen Muschelarten (*40–3, 4*).

Schnecken (*Gastropoden*)
Zu den formenreichsten und heute mit etwa 30 000 Arten verbreiteten Weichtieren zählen die Schnecken. Die aus Kalzit oder Aragonit bestehende Schale ist zumeist spiralig aufgerollt (*41–5*), gelegentlich auch einfach napfförmig. Für die Bestimmung wichtig sind Schalenform, Schalenverzierung und vor allem die Gestaltung der Mündung. Schneckensteinkerne lassen sich selten sicher bestimmen.
Das Präparieren eines Schneckensteinkerns von 8 cm Größe aus den eisenhaltigen Juraschichten des Dogger Gamma (Bajocium, *41–1 bis 4*), mag zeigen, daß Schnecken oft schwierig erkannt oder mit Ammoniten verwechselt werden können. Seit dem Kambrium bekannt, treten Schnecken im Erdmittelalter etwas häufiger, aber massenhaft erst seit dem Tertiär auf (*Tafel 10*).

Kopffüßer (*Cephalopoden*)
Kopf und Füße bilden eine Einheit bei den Cephalopoden, einer Gruppe der Weichtiere (Mollusken). Tintenfische, Nautiloideen und die seit dem Ende der Kreidezeit ausgestorbenen Ammonoideen und Belemniten gehören dazu. Die Kopffüßerschale ist gekennzeichnet durch eine regelmäßige Schalenkammerung, die durch einen durchgehenden Kanal (Siphonalkanal) verbunden wird. Der gekammerte Schalenabschnitt war gasgefüllt und wird als Phragmokon bezeichnet. Der Weichkörper befand sich im letzten Schalenabschnitt (Wohnkammer).

Nautilusartige Kopffüßer (Nautiloideen)

Nautiloideen entwickelten im Ordovizium und Silur verschiedenartige geradegestreckte oder schwach gebogene Gehäuseformen, deren Gaskammern durch einfach gewölbte Querwände getrennt werden. Dazu kom-

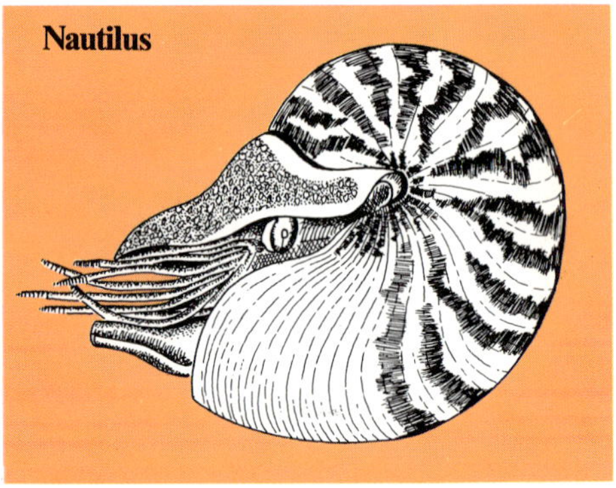

Abb. 9: Der Nautilus, ein lebendes Fossil.

Tafel 40

1	
2	
3	4

1 *Terebratula grandis* (6 cm) aus oligozänen Ablagerungen von Astrup bei Osnabrück; linkes Exemplar mit Seepocken besetzt.
2 Verkalkte Wohnkolonien (4 cm) der Bryozoe *Ceriopora simplex* MILLER mit dem Loch einer Bohrmuschel; aus miozänen Sanden der Oberen Meeresmolasse, Ursendorf.
3 *Axinea obovata* (LAMARCK) eine hier 8 cm große oligozäne Muschel, die Schloß, Ligament, Schließmuskelabdrücke und Mantelrand gut erkennen läßt.
4 Auster *Liostrea eduliformis* (SCHLOTHEIM) (12 cm) aus dem Bajocium (Dogger Delta) von Gosheim, Schwäbische Alb, mit freigebürsteter, unregelmäßiger, lamelloser Schale; den heutigen Austern ähnlich.

Pectunculus ovatus

men spiralig eingerollte Formen, die ab dem Perm vorherrschen. In der Trias und im Jura sind Nautiloideen formenreich entwickelt (*42 – 1*). In der Gegenwart lebt nur noch die Gattung Nautilus.

Ammonitenartige Kopffüßer (Ammonoideen)

Vom Devon bis zur Kreide lebten die Ammonoideen mit ihren wichtigsten Untergruppen, den Prolecaniten, Goniatiten (*42 – 5*) und Clymenien im Devon und Karbon, den Ceratiten (*20 – 2, 3*) in Perm und Trias und den Ammoniten in Jura und Kreide. Von den spiralig eingerollten Nautiloideen unterscheiden sich die ebenso eingerollten Ammonoideen durch die mehr oder weniger starke randliche Verfaltung der Kammerwände (*42 – 2*), die eine entsprechende Ausbildung der Lobenlinie (*42 – 3*) bewirkt.

Schwäbische und Fränkische Alb in Süddeutschland bieten in ihren Juraaufschlüssen einmalige Fundmöglichkeiten für Ammoniten, weil dort Aufschlüsse aus Ablagerungen der ganzen Juraperiode anzutreffen sind. Manchmal zeigen zufällig aufgebrochene Ammoniten (*42 – 4*) oder aber durchgesägte Funde (*51 – 1*) die typischen, oft mit Kristallen ausgefüllten Kammern des Phragmokons. In der Kreide erreichten Ammoniten Durchmesser bis zu 250 cm.

Kopffüßer ohne Außenschale (Coleoideen)

Bei dieser Gruppe von Kopffüßern wächst der Weichkörper um den Phragmokon herum und macht ihn zur Innenschale. Bei den Belemniten (Belemnoideen) bleibt der Phragmokon ebenfalls erhalten, wird aber

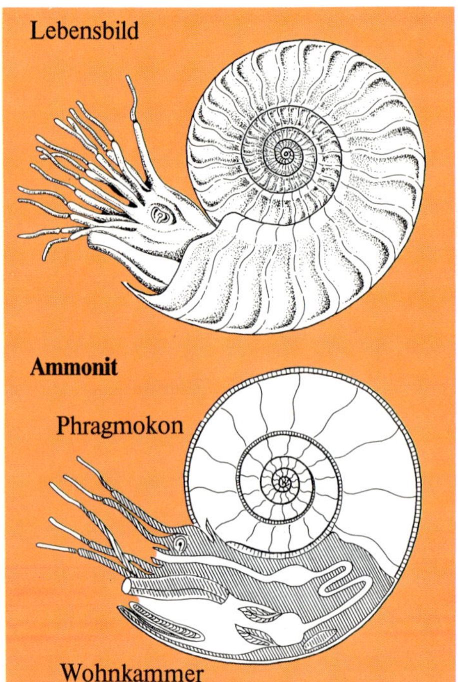

Abb. 10: Lebensbild und Schnitt durch einen Ammoniten.

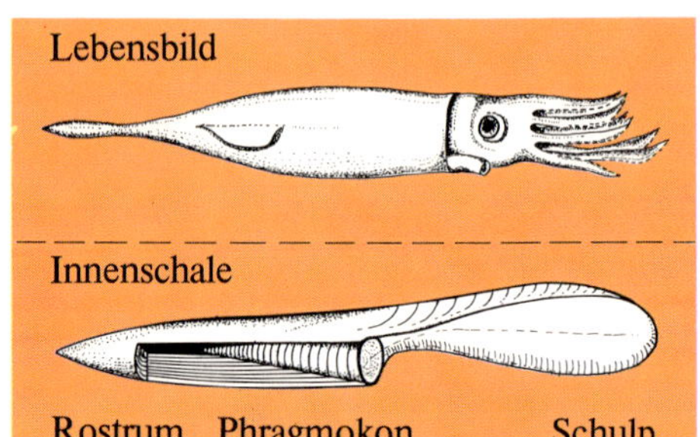

Abb. 11: Lebensbild und Innenschale eines Belemniten.

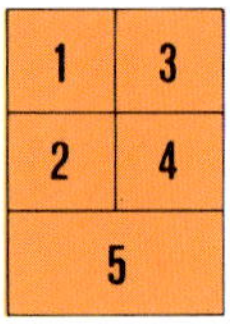

Tafel 41

1–4 Schneckensteinkern von *Pleurotomaria* (8 cm) aus dem Dogger Gamma von Nenningen. Als Fundstück oft nur durch die erhöhte Anfangswindung von Ammoniten zu unterscheiden. Bei der Präparation wird ein Bewuchs mit Austern und Serpeln entdeckt und freigelegt.
5 *Actaeonella,* eine Meeresschnecke aus der Gosaukreide von Brandenberg, Tirol; links im Querschnitt, rechts im Längsschnitt (8 cm).

Nenningen

verkürzt und von einer vom umgebenden Mantel ausgeschiedenen Kalkscheide (Rostrum) umkleidet (*43 – 1*).

Nur selten gelingt es, Rostren mit fast allen Phragmokonteilen zu finden. Ausnahmen bilden Funde von Belemniten mit Weichteilerhaltung, die z. B. aus den Schiefertonen des Schwarzen Jura Epsilon (Toarcium) bekannt sind. Riesenbelemnitenrostren bis

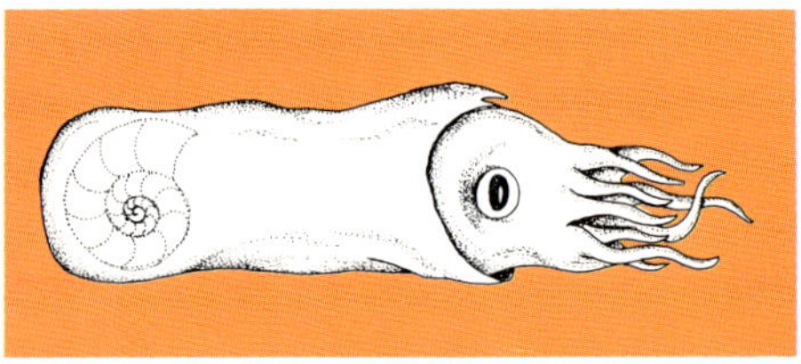

Abb. 12: Spirula-Lebensbild, rezent, ca. 8 cm groß; eingezeichnet ist das gekammerte Innenskelett.

über 1 m Länge werden meist in vielen Stükken (*43 – 3*) und mit aufsitzenden Röhrenwürmern (*29 – 3*) oder Austern gefunden.

Bei den sepiaartigen Tintenfischen, die zehn Fangarme (Tentakel) wie die Belemniten haben, bleibt vom Phragmokon meistens nur ein kleiner Rest, der bei *Spirula* noch gekammert und eingerollt (*44 – 2*), sonst nur als kleine Kalkspitze angedeutet ist. Die ursprüngliche Wohnkammer ist zu einer einfachen Platte, zum Schulp, geworden. Bei den Vorläufern der Kalmare, den Teutoideen, bleibt der Schulp hornig (*26 – 2*). Bei den mit acht Fangarmen ausgestatteten Kraken fehlen Schalen völlig.

Stachelhäuter (*Echinodermen*)

Zu den Stachelhäutern zählen Seelilien, Seeigel, See- und Schlangensterne sowie Seegurken, die sich jeweils in vielfältigen Formen entwickelten. Sie unterscheiden sich von anderen Tierstämmen durch ihr fünfstrahliges, radiales Ambulakralgefäßsystem, mit dem die Tiere atmen, Nahrung aufnehmen oder sich fortbewegen.

Das Stachelhäuterskelett besteht aus kleinsten Kalkteilchen ($CaCO_3$).

Die Seelilien (Crinoideen)

heften sich oft wurzelförmig am Meeresboden fest (*44 – 1*). An einem meist langen Stiel tragen sie ihren Körper als kelchartige, mit

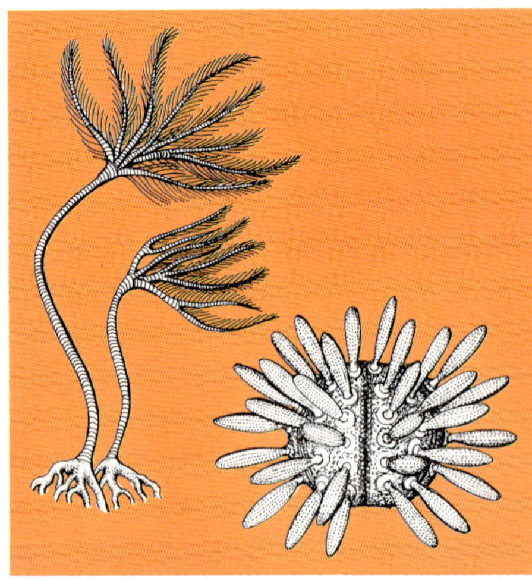

Abb. 13: Links: Seelilie *Pentacrinus* (ab Trias) mit Haftwurzelfuß. Stiel und Krone als Beispiel für Seelilien (ab Ordovizium). Rechts: Seeigel *Cidaris* mit Stacheln (ab Jura) als Beispiel für Seeigel (ab Ordovizium).

Tafel 42

1	4
2	5
3	6

1 *Nautilus* mit Wohnkammer (12 cm) aus dem Unteren Pliensbachium (Lias Gamma) von Tuningen, Schwäbische Alb.
2 Kammerwand (6 cm breit) eines Ammoniten *Aspidoceras* aus dem Tithonium (Malm Zeta) von Laisacker bei Neuburg/Donau, mit zur Mündung hin gewölbten Sätteln und zur Anfangskammer hin gebogenen Loben.
3 Bei diesem Ammoniten fehlt die Schale. Der Verlauf der Kammerscheidewände, die Lobenlinie, zeichnet sich auf dem Steinkern ab. Bildbreite 7 cm.
4 Ein beim Bergen median aufgeplatzter Ammonit *Staufenia* (10 cm) aus dem Aalenium (Dogger Beta) von Blumberg; er zeigt mit Kalzitkristallen besetzte Kammern des Phragmokons und einen Teil der ausgefüllten Wohnkammer.
5 Goniatit *Cheiloceras* (18 mm) aus dem Oberdevon von Nehden bei Brilon.
6 Einer der bekanntesten Juraammoniten ist *Amaltheus margaritatus* MONTFORT, hier 5 cm groß, aus dem Oberen Pliensbachium (Lias Delta) von Göppingen.

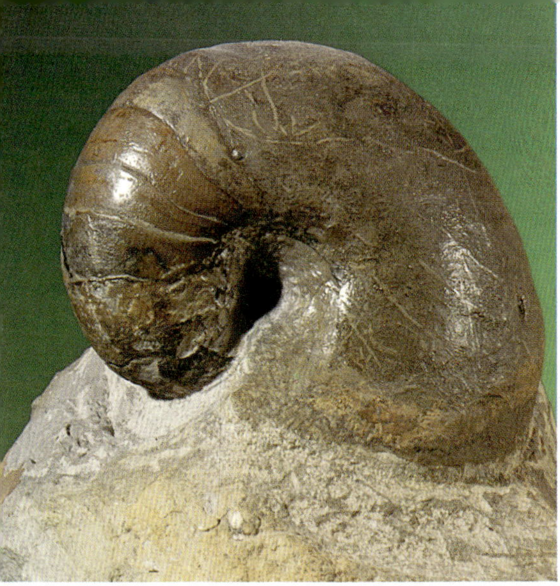

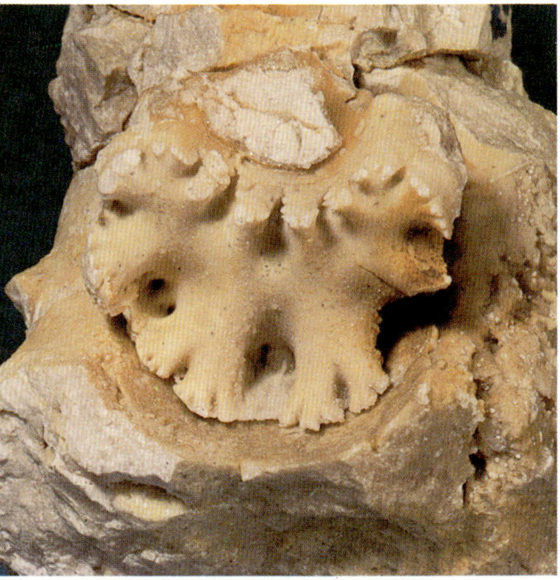

vielen Armgliedern versehene Krone. Im Erdaltertum waren sie besonders verbreitet. Seelilienstielglieder treten mitunter schicht- bzw. gesteinsbildend auf (*34 – 1*). Kleine, schwimmende Seelilien findet man häufig im Solnhofener Plattenkalk (*22 – 3*). Verwandte Formen davon sind gesteinsbildend in der alpinen Trias gefunden worden.
Neben den Seelilien treten im Paläozoikum noch weitere am Meeresboden festgewurzelte Stachelhäuter auf.

Seesterne (Asteroideen) und
Schlangensterne (Ophiuren)

besitzen meist fünf Arme. Bekannt sind die Ausgüsse ihrer Ruhespuren in feinem Sandstein (*3 – 2; 57 – 3*), aber auch die im Solnhofener Plattenkalk eingebetteten Reste zarter Schlangensterne (*24 – 1*).

Seeigel (Echinoideen)

zählen zu den formenreichsten Stachelhäutern. Sie sind seit dem Ordovizium bekannt. Mit der Mundöffnung auf der Unterseite und der Afteröffnung auf der Oberseite bilden sie kugelige, scheiben- oder herzförmige Skelettkapseln, deren Kalkplättchen verschiedenartige Stacheln tragen.
Von den Seegurken (Holothurien) sind normalerweise nur kleine, charakteristisch geformte, in der Haut des Weichkörpers liegende Kalkkörperchen (Spicula) fossil erhalten.

Graptolithen
Aus horniger Masse bestehen Graptolithen, deren zweigchenartige Gebilde vom Ordovizium bis zum Devon Kolonien bildeten. Im Ordovizium und Silur dienen sie als Leitfossilien und werden dort im „Graptolithenschiefer“ gefunden. Die primitivsten Formen sind festgewachsene Kolonien. Weiterentwickelte Gruppen leben schwebend im Wasser.

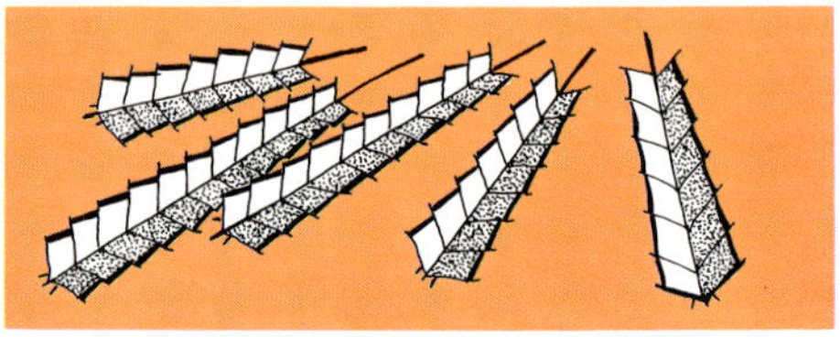

Abb. 14: Graptolithen aus dem Ordovizium und Silur.

Wirbeltiere (*Vertebraten*)
Die Wirbeltiere mit ihrer typischen, gegliederten Wirbelsäule umfassen den vielfältigsten Tierstamm. Für den Fossiliensammler zählen urzeitliche Fische zu den begehrenswerten, aber auch erreichbaren Fossilienfunden.
Natürlich kann er auch Reste von Lurchtieren, Kriechtieren, Vögeln oder Säugetieren entdecken. Diese Funde können wegen ihrer entwicklungsgeschichtlichen Bedeutung für die wissenschaftliche Auswertung von besonderem Wert sein. Das Bergen ganzer Skelette überfordert den Sammler, der es deshalb wissenschaftlich geschulten Fachleuten überläßt.

Fische (Pisces)

Kieferlose Fische (Agnatha) stehen im Ordovizium am Beginn der Entwicklungsreihe der Fische. Das Neunauge ist deren letzter Nachfolger.
Ab dem Silur bis zum Unterkarbon leben

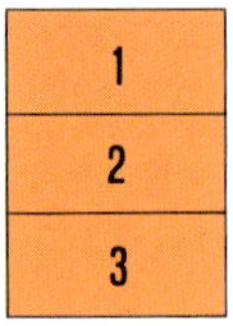

Tafel 43
1 Dieses aufgebrochene, insgesamt 12 cm große Belemnitenrostrum aus dem Aalenium (Dogger Beta) des Wutachgebietes zeigt den spitzen Teil des gekammerten Phragmokons.
2 Belemnit (18 cm) aus dem Oberen Pliensbachium (Lias Delta) von Göppingen, mit Rostrum und dem größten Teil des noch mit wenigen Kammern erhaltenen Phragmokons.
3 Die Reste des 45 cm großen Belemniten *Megateuthis giganteus* (siehe Tafel 29) müssen noch stückweise zusammengeklebt werden.

Panzerfische (Placodermen), das sind erste Kieferfische (Gnathostomen), deren Organisation ungefähr der unserer heutigen Haifische entspricht. Sie haben ein knorpeliges Innenskelett, aber vielfach auch ein panzerartiges Hautskelett. Die Schwanzflosse ist unsymmetrisch, Schwimmblase und Kiemendeckel fehlen. Knorpelfische (Chondrichthyes), zu denen Haie, Rochen und Seekatzen gehören, treten ab Devon auf. Sie besitzen kein Knochengewebe, und ihre Haut ist mit kleinen dornenartigen Zähnchen bedeckt.

Seit dem Devon erscheinen auch die Knochenfische (Osteichthyes) mit zunächst ebenfalls knorpeligem Innenskelett, einem kräftigen Schuppenkleid, mit Schwimmblase und Kiemendeckel. Dazu gehören die Quastenflosser (Crossopterygii) und Lungenfische (Dipnoi) mit ihrer Hauptentwicklung im jüngeren Paläozoikum. Nur weni-

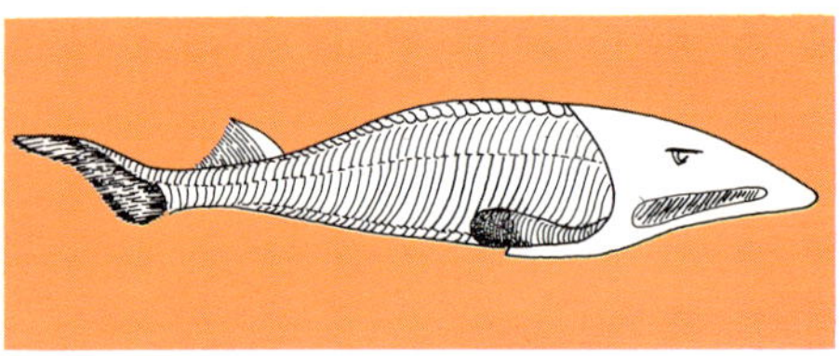

Abb. 15 (oben): Kieferloser Fisch *Cephalaspis,* Silur/Devon.

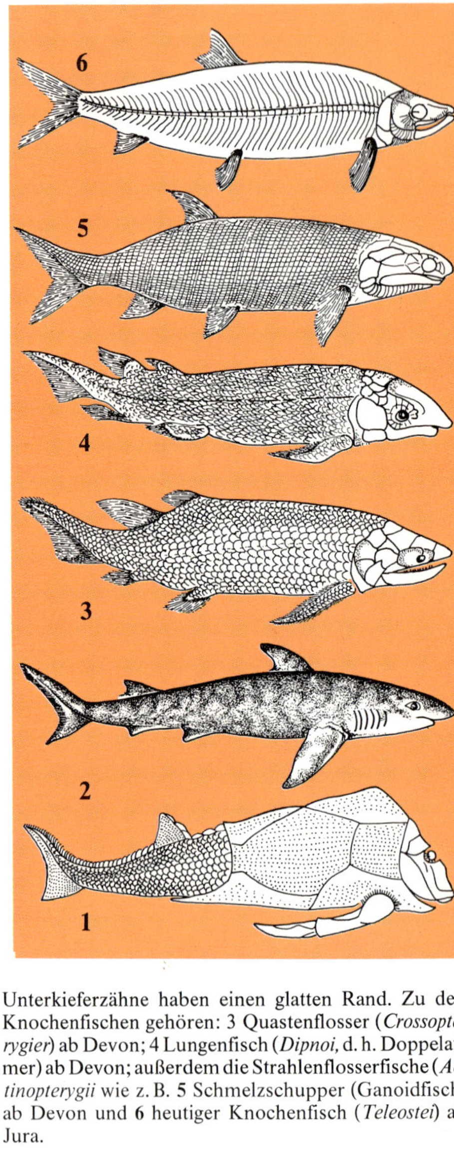

Abb. 16 (rechts): Zu den Kieferfischen zählen Panzerfische, Knorpelfische und Knochenfische. 1 Panzerfisch *Pterichthyodes* mit zwei Stelzflossen, Devon. 2 Einer der ersten Knorpelfische aus der Gattung *Cladoselache,* Devon; ein Vorläufer unserer Haie, deren abgenützte Zähne ausfallen und durch neue ersetzt werden, die innen dahinter zurückgeklappt nachwachsen. Oberkieferzähne sind meist breit mit gezacktem Rand, die schmaleren Unterkieferzähne haben einen glatten Rand. Zu den Knochenfischen gehören: 3 Quastenflosser (*Crossopterygier*) ab Devon; 4 Lungenfisch (*Dipnoi,* d. h. Doppelatmer) ab Devon; außerdem die Strahlenflosserfische (*Actinopterygii* wie z. B. 5 Schmelzschupper (Ganoidfisch) ab Devon und 6 heutiger Knochenfisch (*Teleostei*) ab Jura.

Tafel 44

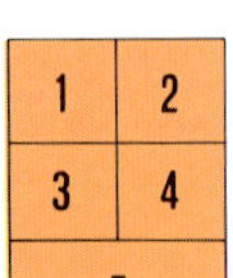

1 Zwei Seelilien *(Millericrinus)* aus dem Oxfordium (Malm Alpha) von Liesberg bei Basel vereinigten hier ihre kräftigen Wurzeln und zeigen an den 5 cm großen Bruchflächen die dort typische, violette Färbung (Fringelit).
2 Eingerollte Innenschale (2 cm) des sepiaartigen, rezenten Tintenfisches *Spirula,* deren glatte, zur Anfangskammer hin gewölbte Kammerwand den Phragmokonkammern von Belemniten ähnelt.
3 Grau in Grau liegen die Seeigel *Echinocorys* (rundlich) und *Micraster* (herzförmig) im aufgebrochenen, durch winzige pflanzliche Einzeller feinporösen Coccolithenkalk der Grube Höver bei Hannover, Oberkreide, Untercampan.
4 *Diplopodia subangularis* (GOLDFUSS) (1 cm), regulärer Seeigel aus dem Oxfordium (Malm Alpha) von Blumberg.
5 Aus der Oberkreide, Turon, von Wüllen stammen die kleinen bis 1,5 cm großen Seeigel *Conulus* (rechts) und *Micraster* (links). Der 10 cm große Seeigel *Hemipneustes* (Mitte) wurde im Turon der Tuffkreide bei Maastricht gefunden.

ge Nachzügler davon existieren heute noch. Insbesondere zählen aber die Strahlenflosserfische (Actinopterygii) dazu. Sie treten im Devon mit den Schmelzschuppern (Ganoidfischen) auf, die rhombische Schuppen besitzen (*45 – 1, 2, 3*), deren knöcherner Teil mit einer Schmelzschicht überzogen ist. Sie waren bis zur Kreidezeit im Meer weit verbreitet. Ihre wenigen Nachkommen lebten und leben im Süßwasser. Unsere heutigen Knochenfische (Teleostei) mit gleichlappigen Schwanzflossen entwickelten sich aus ihnen seit der Jurazeit (*45 – 4*).

Lurchtiere (Amphibien)

In den devonischen Quastenflossern, bei denen sich bereits Nasen-Rachen-Gänge entwickelten und die Schwimmblase wohl als zusätzliches Atmungsorgan (Lunge) fungieren konnte, sieht man die Vorfahren der Lurche und der Landwirbeltiere. Als Vorläufer unserer Salamander lebten ab dem Devon z. B. die Dachschädlerlurche (Stegocephalen) wechselweise im Wasser und an Land. Zu ihnen zählen auch die im Perm verbreiteten kleinen Branchiosaurier (*46 – 1*), die man vielfach als Jugendformen der Stegocephalen deutet. Die Gruppe der Dachschädler existierte bis zur Obertrias.

Kriechtiere (Reptilien)

Die Reptilien konnten, da sie Lungenatmung, dotterreiche Eier und eine Schuppenhaut besaßen, auf dem Land, unabhängiger vom Wasser, leben. Sie entwickelten sich vom primitiven Urtyp des Karbon im Erdmittelalter unter günstigen Umweltbedingungen zu teilweise riesigen Sauriern, die

Abb. 17 (oben): Dachschädlerlurch *Metoposaurus,* bis ca. 120 cm groß, Trias.

Abb. 18 (unten): Branchiosaurierskelett, ca. 5 cm groß, Perm.

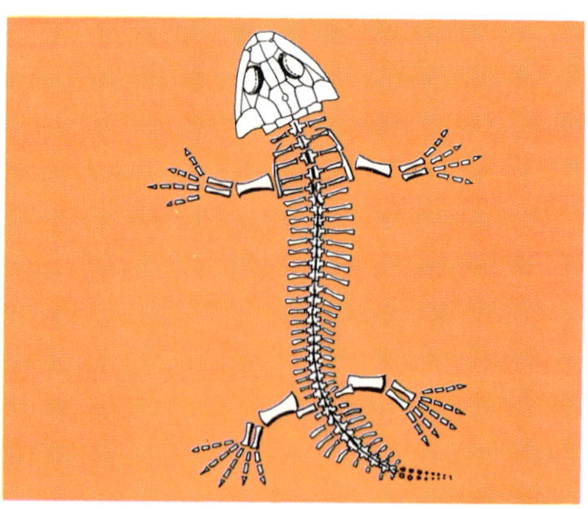

Abb. 19 (oben): Pflasterzahnsaurier *Placodus,* bis ca. 150 cm groß, Trias.

Abb. 20 (unten): Urvogel *Archaeopteryx,* etwa taubengroß, Jura.

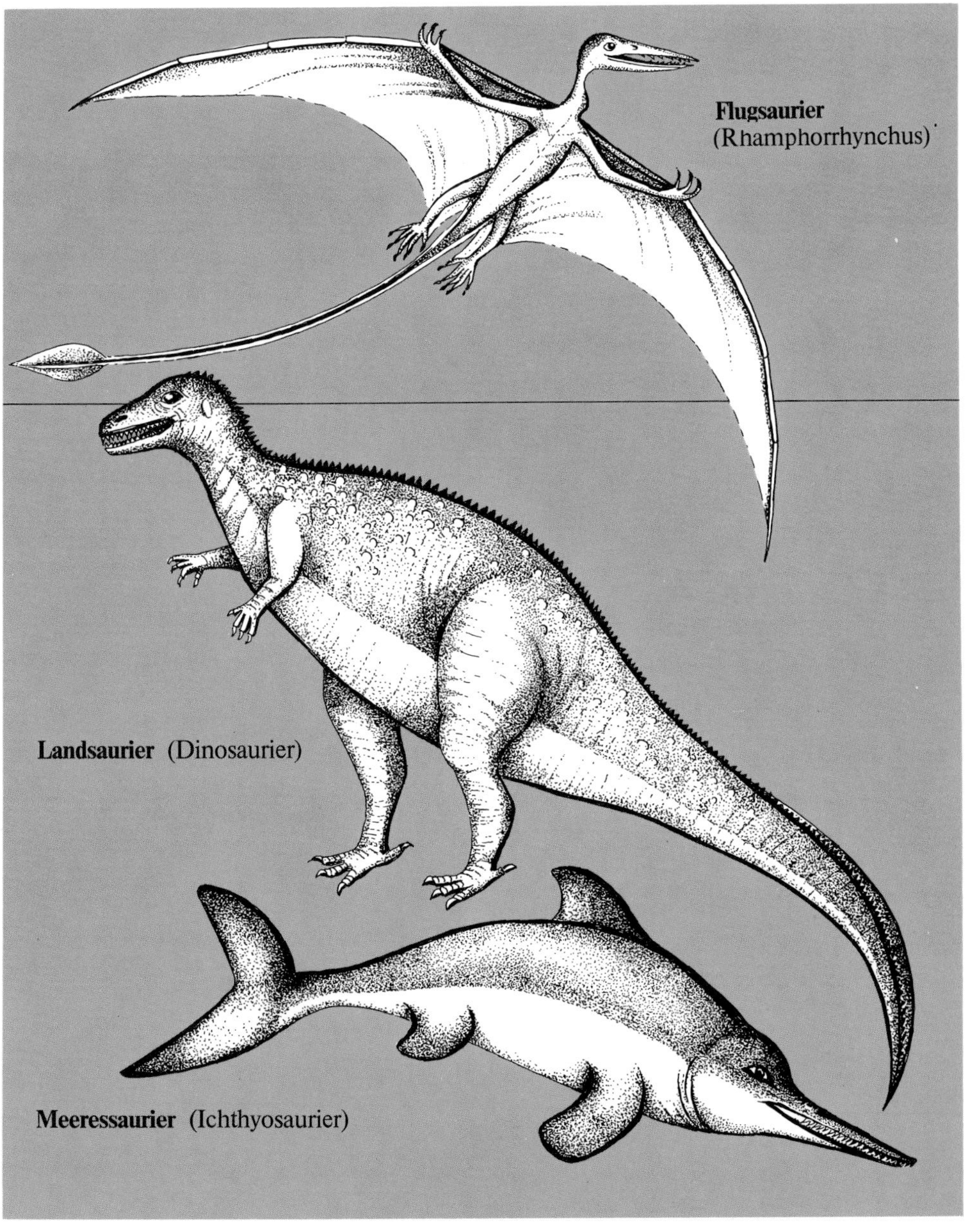

Abb. 21: Saurier aus Jura und Kreide.

z. B. im Meer als Ichthyosaurier, auf dem Land als Dinosaurier und flugfähig als Flugsaurier lebten. Der Sammler staunt über aufgeschlossene Saurierfährten (*3 – 1*), findet Wirbel von fischartigen Sauriern (*29 – 5*) und vielleicht auch Zähne eines Pflasterzahnsauriers (*46 – 2*). Mit der Kreidezeit endet das Zeitalter der Saurier.

Vögel (Aves)

Es spricht viel dafür, daß sich im Jura aus dinosaurierähnlichen Reptilien die warmblütigen Vögel entwickelten. In den Plattenkalken von Solnhofen entdeckte man wiederholt Reste des Urvogels Archaeopteryx. Besonders aus tertiären Sedimenten, wie z. B. aus den ölhaltigen Schieferablagerungen des Eozän von Messel, sind fossile Vogelreste bekannt. Sie sind selten, da der Lebensraum der Vögel die Fossilisation nicht begünstigt.

Säugetiere (Mammalia)

Kleine, nur 20 – 30 cm große, primitive Säugetiere sind seit der Wende von der Trias zum Jura bekannt. Doch erst die Übergangszeit von der Kreide zum Tertiär bringt den warmblütigen, mit ihrem speziellen Gebiß ausgestatteten Säugetieren eine noch heute nicht genau zu übersehende Artenvielfalt, von der unsere heutigen Säugetiere abgeleitet werden. Zähne, die widerstandsfähigsten Teile von Säugetieren, sind deren häufigste Fossilien. Sie ermöglichen eine sichere Bestimmung, weil sie, abhängig von der Ernährungsweise, verschiedenartig gestaltet sind.
Die Säugetiere verdanken ihre schnelle, vielfältige Entwicklung neben ihrem speziellen Gebiß noch dem Lebendgebären.
Funde aus dem frühen Tertiär, wie beispielsweise aus Ablagerungen des Eozän im Geiseltal bei Halle oder im Messeler Ölschiefer (*Seite 36*) sind von hervorragender Bedeutung. Sie geben immer noch neue Hinweise zur Entwicklungsgeschichte der verschiedenen Säugetiere.

Leitfossilien

Mit Leitfossilien, d. h. mit fossilisierten Resten von Pflanzen und Tieren, die möglichst weit verbreitet nur in kurzen Zeiträumen lebten und deshalb auch in eng begrenzten Ablagerungsschichten vorkommen, lassen sich Ablagerungsschichten erdgeschichtlich einordnen.
Trilobiten (Kambrium), Graptolithen (Ordovizium, Silur) und Ammonoideen (Devon bis Kreide) sind typische Leitfossilien in ihrer erdgeschichtlichen Periode. Aber auch andere fossile Tier- und Pflanzenreste dienen als Leitfossilien.

Tafel 45

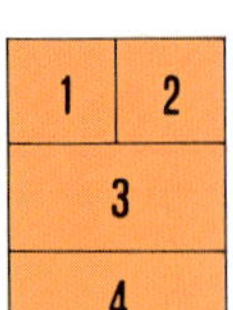

1 Vorderteil eines zusammengepreßten Schuppenfischrestes (14 cm) aus dem Rotliegenden, Perm, von Heimerkirchen; der Kopf ist nur z. T. freigelegt.
2 Hinterteil eines Schuppenfisches *Amplypterus* (10 cm) aus den gleichen Schichten, jedoch von Cölln, Pfalz. Starke Verwitterung löste hier die ursprüngliche Fossilfarbe auf.
3 Krokodilfisch *Lepisosteus strausi* (25 cm) aus dem Eozän von Messel, mit prächtigem Schuppenkleid nach aufwendiger Kunstharzpräparation.
4 *Leptolepis sprattiformis* (8 cm), ein typischer Fossiliensammlerfund von den Plattenkalkhalden des Altmühltales; Tithonium (Malm Zeta).

Mittel und Wege der Präparationstechnik

Wer zum ersten Mal nach Fossilien suchen möchte, wird zunächst zu dem Werkzeug greifen, das er in seinem Besitz findet. Erst später stellt man bei anderen Gleichgesinnten fest, daß es praktischeres Gerät gibt. Dazu kommt die eigene Erfahrung im Gelände und beim Umgang mit Steinen. Erst dann gelingt es, beim Einkaufsbummel durch Eisenwarenhandlungen manches oft für andere Zwecke angebotene Spezialwerkzeug zu entdecken, zu kaufen und vorteilhaft einzusetzen.

Mein bestes Beispiel dafür ist ein Spargelstecher, der mir in weicheren Schichten sehr nützlich ist. Einige spezielle Versandhandlungen für Mineralien und Fossilien bieten ausgesuchtes Gerät für den Umgang mit Steinen im Gelände und bei der Präparation zu Hause an. Für jeden Handwerker, aber auch für den Fossiliensammler, bedeutet gutes Handwerkszeug einen Schlüssel zum Erfolg, spart Zeit und fördert den Spaß an der Aktion.

Die Hinweise zu den einzelnen Werkzeugen mögen dazu beitragen, manchen Umweg zu ersparen, aber nicht die eigenen Erfahrungen. Ein Besuch bei einem Steinmetzbetrieb kann zusätzliche praktische Anregung geben.

Dem wissenschaftlich-methodisch vorgehenden Sammler und Spezialisten kommt es u. a. auf die Erhaltung feinster Fossildetails

Abb. 22: Spargelstecher (44 cm), ein nützliches Gerät zum Bergen von Fossilien aus weichen Schichten.

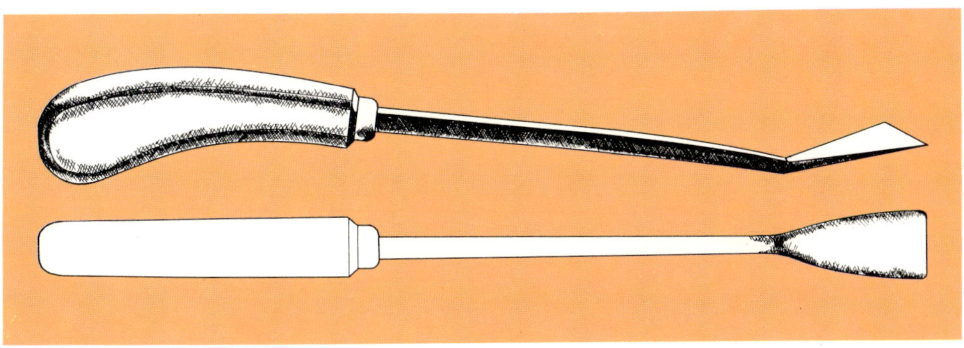

Tafel 46

1 Skelettrest eines *Branchiosaurus* (5 cm), unpräpariert; aus dem Perm, Rotliegendes, Heimerkirchen/Pfalz.
2 Stück eines Vorderzahns (3,5 cm) eines Pflasterzahnsauriers *(Placodus)* aus dem Oberen Muschelkalk, Trias, Haigerloch.

und auf die Einbettungsverhältnisse an. Anders verhält es sich beim Fossilienfreund, der bei einer Exkursion auf Muschel- oder Ammonitenreste im Gestein stößt. Er will seinen Fund zu Hause aufstellen. Für ihn steht der optische Effekt, die Schönheit der Fundstücke, im Vordergrund. Er sollte schon im Aufschluß daran denken, was er wohl aus dem soeben gefundenen Stück machen könnte. So wird er z. B. überlegen, ob es sinnvoll ist, ein Fossil ganz aus dem Stein herauszulösen. Ich präpariere gerne Fossilien nur teilweise heraus, damit sie im zugehörigen Gestein eingebettet bleiben.
Solche Teilpräparationen oder Fossilplastiken (*Tafel 47*) machen meist mehr Arbeit als aus dem Gestein herausgelöste Fossilien, da nicht allein auf das Fossil, sondern auch auf die Form des umgebenden Gesteins zu achten ist. Es gibt auch nur wenige dafür geeignete Fundstücke. Schon deshalb sollte man Gesteinsbrocken im Aufschluß vorsichtig formatisieren und besser etwas größere Stücke nach Hause mitnehmen, um sie dort nach gründlicher Säuberung zu untersuchen und in aller Ruhe zu bearbeiten.

Freilegen von fossilführenden Schichten

Wer in fossilführenden Schichten suchen will und darf (!), muß oft tüchtige Vorarbeit leisten, um Verwitterungsschutt wegzuräumen und damit den Schichtverbund freizulegen. Schaufeln, Pickel und Brecheisen sind dafür unerläßliche Hilfsgeräte.
Eine **spitze Schaufel** mit längerem Stiel eignet sich besonders gut zum Wegräumen von lockerem Steingeröll oder gröberem Kies. Beim langen Stiel muß man sich nicht so stark bücken, er läßt deshalb eine bequemere Körperhaltung zu. Dennoch ziehe ich oft die **kurzstielige Spitzschaufel** mit aufgebogenem hinteren Rand und einem Quersteg am Stielende vor: sie läßt sich mühelos im Gepäckraum eines Autos unterbringen und beim Marsch durch unwegsames Gelände leichter transportieren. In den meist kleineren, engen Aufschlüssen kommt die kurzstielige Spitzschaufel voll zur Wirkung, dabei kann das Schaufelblatt mit dem Fuß in den Boden getrieben werden.
Mit der **Randschaufel** lassen sich wegen der aufgebogenen Ränder besonders gut weiche, sandige, feinkörnige Materialien bewegen. Man kann diese Schaufel sogar gut für dickflüssige Massen benutzen.
Ein **Spaten** wird zum Ausheben von Gräben oder tieferen Löchern verwendet. Gern wird auch ein **Klappspaten** benutzt, der sich leichter transportieren läßt.
Die **Kreuzhacke** können wir zum Auflockern von verfestigtem Boden oder Gesteinsmaterial, aber auch zum Herauslösen von Steinen verwenden. Das etwa 40 cm große Werkzeug mit entsprechendem Stiel gibt es in verschiedenen Gewichtsgrößen. Eine leichtere Kreuzhacke mag für das Auflockern von Boden, die schwerere Ausführung für das Lockern von Steinbrocken günstiger sein. Das spitze Ende des Hackenkopfes dient zum Lockern, das meißelartige, flache zum groben Schürfen.
Ein **Bergpickel** stellt für viele Fossilienfreunde das ideale, vielseitige Werkzeug dar. Er dient als Halt und Stütze für den Körper beim Gang durch abschüssiges, unwegsames Gelände und eignet sich vor Ort auch zum Lösen von Gesteinsproben und als Schürfgerät.
Das **Brecheisen** hilft dort, wo Geologenhammer und Kreuzhacke versagen. Mit oft über 1 m Länge, einem spitzen und einem angebogenen Ende, läßt sich die Hebelwirkung auf das Gestein übertragen.

Abb. 23: Geräte zum Freilegen fossilführender Schichten.

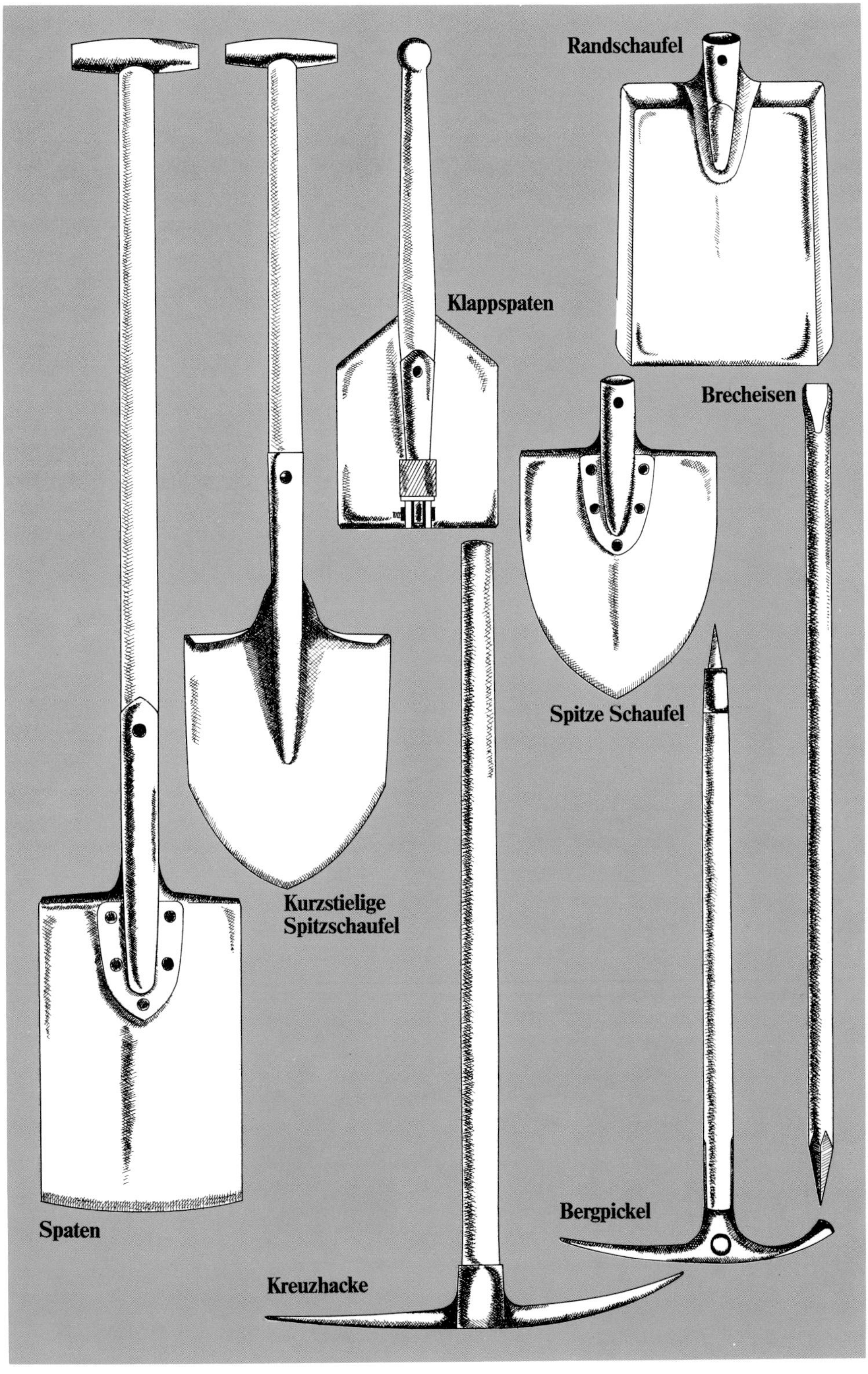
Randschaufel
Klappspaten
Brecheisen
Spitze Schaufel
Kurzstielige
Spitzschaufel
Spaten
Bergpickel
Kreuzhacke

Präparieren mit Hammer und Meißel

Einige nützliche Hammertypen

Hämmer und Meißel verschiedenster Größen und Ausführungen sind die häufigsten Werkzeuge zur mechanischen Präparation. Da viel Erfahrung und Kenntnis zum Freilegen der Fossilform gehört, sollte man als Anfänger besonders vorsichtig und ruhig beginnen.

Von den vielen Hammertypen eignen sich für die Arbeit am Gestein solche mit Köpfen aus gehärtetem Werkzeugstahl oder Ganzstahlhämmer. Hammerstiele sind meist aus Ahorn- oder Eschenholz gefertigt. Ein Hartholz- oder Metallsplint verkeilt ihn fest mit dem Kopf. Die Länge des Stieles wirkt sich auf die Schwungkraft und damit auf die richtige Schlagtechnik aus. Steht sie mit dem Gewicht des Hammers in einem günstigen Verhältnis, wird Kraft gespart. Holzstiele können austrocknen und sich lockern, dann tauche man den Hammerkopf einige Zeit in Wasser. Der Stiel quillt und sitzt wieder fest. Leichtmetallstiele oder Stiele mit eingelegten Kunststoffmanschetten können sich nicht lockern. Man faßt den Hammerstiel am Ende, damit die Schwungkraft des Hammerkopfes voll wirksam wird (*48 – 1*).

Der **Vorschlaghammer**, auch als Trennhammer bezeichnet, eignet sich zum Trennen und Abschlagen oder zum Zertrümmern großer Steinbrocken. Das Gewicht des Hammerkopfes, der eine flache und eine senkrechtkantige Seite hat, sollte man den eigenen Kräften entsprechend auswählen. Der Stiel ist etwa 75 cm lang. Da mit schwerem Gerät auch größere Schäden im Aufschluß angerichtet werden könnten, lassen manche Eigentümer auf ihrem Grundstück nur kleinere Werkzeuge zu. An manchen Auffüllplätzen, bei Gesteinsaufschlüssen im Gefolge von Straßenbauten und bei den wenigen Begünstigten, die auf eigenem Grund und Boden Fossilien finden, wird der Vorschlaghammer immer dann von Vorteil sein, wenn nur durch einen überlegten, groben Schlag ein Fossil aus dem Gestein gelöst und geborgen werden kann.

Im allgemeinen reichen zum Fossiliensammeln **Fäustel** aus. Fäustel mit kurzem Holz- oder Metallstiel oder noch besser in Ganzstahlausführung werden mit verschiedenem Gewicht z. B. mit 1000 g oder 1500 g angeboten. Der Fäustelkopf besitzt zwei flache Schlagflächen. Er eignet sich zum Zertrümmern und grobem Abschlagen von Gestein. Der Fäustel wird wegen der großen Schlagfläche zum idealen Hammer für Arbeiten mit größeren Meißeln.

Der leichte **Bergfäustel** gehört zur Ausrüstung für Bergsteiger und Strahler. Dem Fossiliensammler leistet er gute Dienste beim Zurechtschlagen von Steinbrocken, beim Aufschlagen von Knollen in der Hand (*48 – 2*), bei Arbeiten mit leichteren Meißeln und zur Grobpräparation vor Ort und zu Hause. Der speziell geformte Stiel liegt gut in der Hand. Der Fäustelkopf mit einer großflächigen und einer grob meißelartigen Seite ist durch Schlagschutzflacheisen fest mit dem Holzstiel verbunden. Mit dem Gewicht von nur 500 g ist er ein idealer Exkursionsfäustel für die Jugend.

Der **klassische Geologenhammer** wiegt zwischen 150 bis 600 g. In einem Hammerkopf aus bestem Stahl mit einer Schlagfläche und einer Querschneide steckt ein etwa 40 cm langer Holzstiel. Dieser Hammer in der 150-g-Ausführung (*48 – 1*) ist mein Lieblingshammer, weil er sich für vorsichtiges Freiklopfen genausogut eignet wie für Meißelarbeiten mit kleineren Meißeln beim Präparieren zu Hause.

Der **deutsche Geologenhammer** zeichnet sich durch gute Gewichtsverteilung aus. Bei der Ausführung für hartes Gestein ist der Hammerkopf mit einer quadratischen und einer spitzkantigen Schlagfläche, bei der Ausführung für weicheres Gestein mit einer quadratischen Schlagfläche und einer Querschneide für Schürfzwecke, versehen. Ein

Abb. 24: Nützliche Hammertypen.

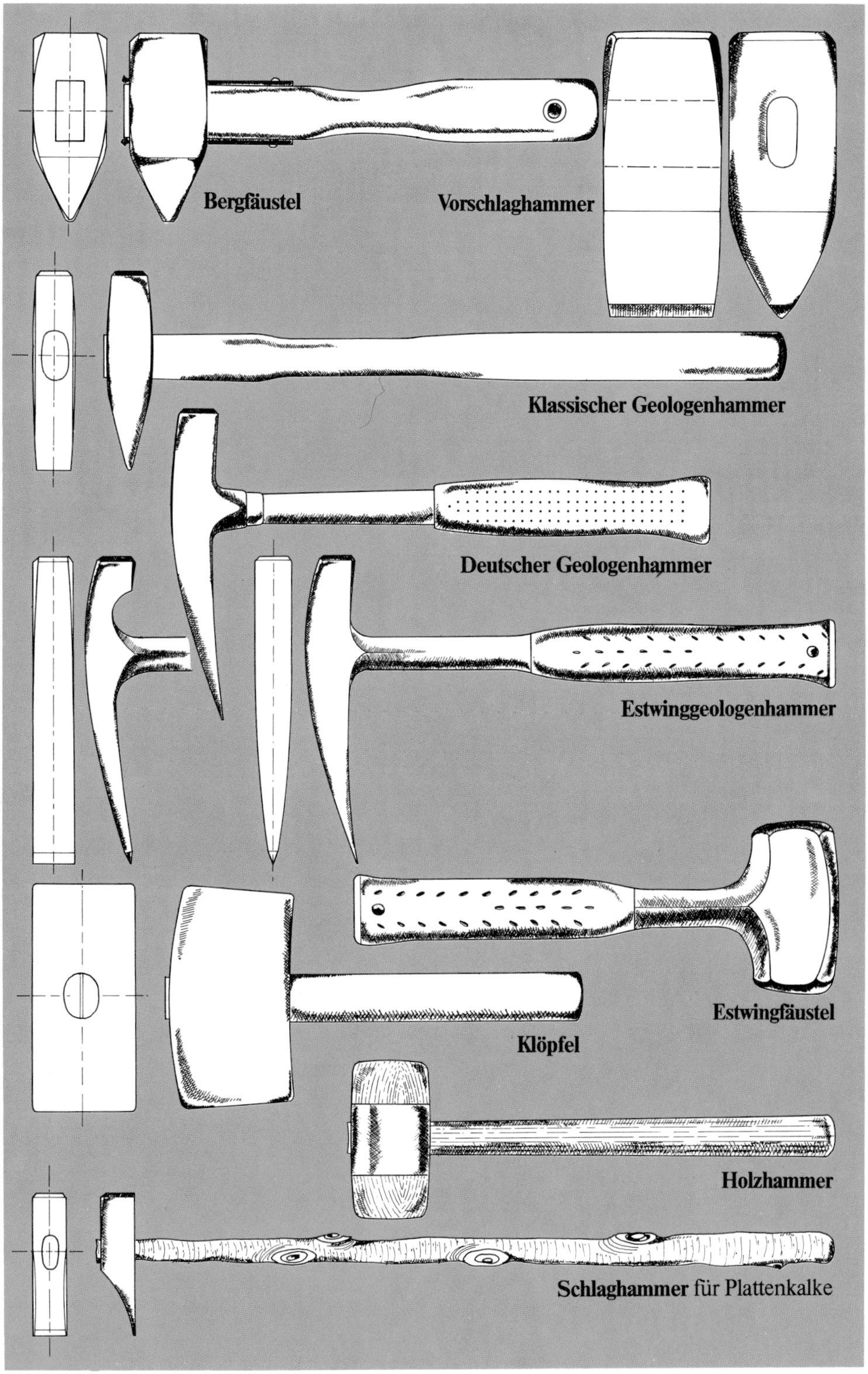
Bergfäustel
Vorschlaghammer
Klassischer Geologenhammer
Deutscher Geologenhammer
Estwinggeologenhammer
Estwingfäustel
Klöpfel
Holzhammer
Schlaghammer für Plattenkalke

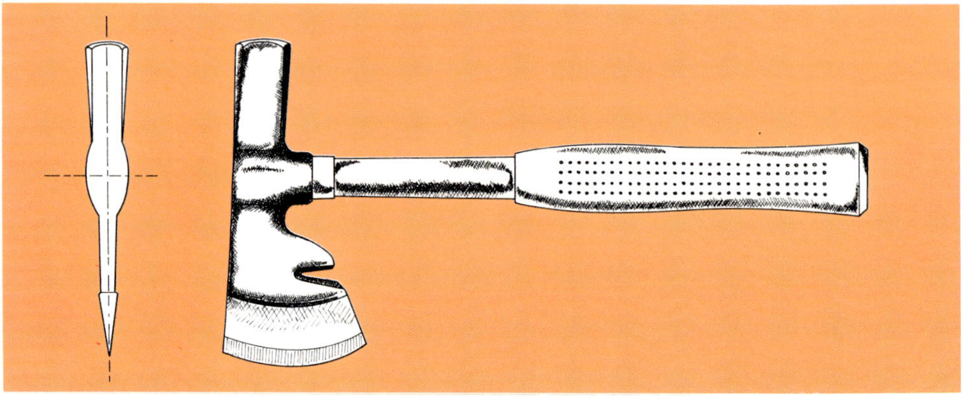

Abb. 25: Mit der Schneide des Gipserbeils können plattige Schichten aufgespalten werden.

Stahlrohrstiel verbindet den Hammerkopf mit einem elastischen, schlagdämpfenden Gummigriff.
Da alle Geologenhämmer aus hartem Werkzeugstahl gefertigt sind und meist scharfe Kanten besitzen, sollten sie nie als Meißel benutzt werden. Abspringende Stahlsplitter können zu schweren Verletzungen führen. Bei Benutzung eines **Holzhammers**, dessen Hammerkopf aus Holz besteht, oder bei leichten, weichen Schlägen mag bei sonst einwandfreiem Werkzeug diese Gefahr nicht bestehen, bzw. geringer sein.
Der **Estwing-Geologenhammer** wird aus Spezialstahl in einem Stück hergestellt. Der Griff ist mit elastischem, widerstandsfähigem Nylon überzogen. Auch hier gibt es die Ausführungen als Pickhammer und als Schürfhacke. Außerdem werden diese Hämmer auch mit leichterem Gewicht und entsprechend kürzerem Stiel angeboten.
Der **Klöpfel** ist ein spezieller Holzhammer für Zimmerer. Schwerer als übliche Holzhämmer und mit großer Schlagfläche eignet er sich gut für Arbeiten mit dem meißelartigen Stemmeisen (Stechbeitel): der Kopf des Stemmeisens wird durch das Holz kaum beschädigt, und Fehlschläge sind wegen der großen Schlagfläche des Hammerkopfes fast ausgeschlossen.
Einen **Schlaghammer** besonderer Art verwenden die meist selbständigen Fachleute in den Plattenkalksteinbrüchen: Ein sehr kleiner Hammerkopf mit einer Querschneide, die als Schlagkante benutzt wird, und ein langer, federnd biegsamer Haselnußstiel. Mit einer Holzform und einem Stichel wird die gewünschte Plattengröße auf dem Plattenkalkstück eingeritzt. Virtuos schlägt man dann mit der Hammerkante an dieser Linie entlang. Schon an der Veränderung des Klopfgeräusches erkennt man, wenn die Platte an dieser Linie einen Sprung bekommt und dann leicht gebrochen werden kann. Es empfiehlt sich, vorher mit wertlosen Platten zu proben.
Das **Gipserbeil** mit einer beilartigen Schneide und einer Kopffläche dient Fossiliensammlern gern als spezielles Hilfsgerät zum vorsichtigen Spalten geschichteter, plattig schieferartiger Sedimente.

1
2

Tafel 47

1 Fossilplastik mit einem 15 cm großen Ammoniten *Perisphinctes* aus dem Kimmeridgium (Malm Gamma) von Geisingen/Donau.
2 Zwei Prägesteinkerne des Ammoniten *Acanthopleuroceras maugenesti* (D'ORBIGNY) (8 und 13 cm) in Mergelschichten des Unteren Pliensbachium (Lias Gamma), durch kohlige Schalenreste schwarz gefärbt.

Einige nützliche Meißeltypen und Meißelgeräte

Mit Meißeln oder meißelähnlichen Werkzeugen gelingt es, Gestein zu sprengen, zu trennen oder zu glätten. Dafür sollte ein Meißel aus bestem Stahl mit besonders gehärteter Schneide bestehen. Das Härten geschieht durch Erhitzen und schnelles Abschrecken meist in Wasser oder Öl. Die Meißelschneide muß stets scharf sein. Unscharfe Meißel sprengen das Gestein in unerwünschte Richtungen.

Der Meißelkopf dagegen bleibt weich. Beim Schlagen bildet sich dort der Meißelbart (*48 – 3*), der immer wieder rechtzeitig abgeschliffen werden muß, damit Verletzungen durch absplitterndes Metall vermieden werden. Durch viele Schläge mit hartem Hammer werden schließlich auch Teile des Meißelkopfes gehärtet und splittern ab.

Es ist wichtig, daß man den Meißel richtig ansetzt und richtig hält. Dazu muß noch der dem Objekt angemessene Schlag mit einem entsprechenden Hammer kommen. Man schaut dabei auf die Meißelschneide, damit auch der letzte Schlag ohne zerstörende Folgen bleibt. Wer sich wegen möglicher Fehlschläge auf die eigenen Finger sorgt, mag einen Holzhammer bzw. Klöpfel benutzen. Die Schläge sind dann weicher. Oft genügen feste Handschuhe als Schutz. Sinnvoll mag auch ein aufsteckbarer **Handschutz für Meißel** sein.

Der Wunsch, ein Fossil noch besser, noch schöner herauszumeißeln, endet mitunter mit völliger Zerstörung oder mit dem Zerbrechen des Fossils. Das war dann der unter Fossiliensammlern geläufige „letzte Schlag“. Trotz größter Vorsicht zerbrechen gelegentlich Versteinerungen. Trösten Sie sich dann damit, daß auch Berufspräparatoren ihren Steinkleber in greifbarer Nähe halten.

Für die Arbeit im Aufschluß reichen meist mittelgroße Trenn-, Spitz- und Flachmeißel aus. Kleinere und feinere Meißel braucht man zu Hause beim eigentlichen Präparieren. Dort können wir uns auch für feineres Präparieren ein eigenes Meißelsortiment aus großen Stahlnägeln oder starken Nadeln selbst zurechtmachen. Es kommt dabei auf die Spitze oder Schneide an. Meißel mit kegelförmiger Spitze sind wenig geeignet, da sie den Druck ungezielt nach allen Seiten weitergeben.

Der **Trennmeißel** wird auch Sprengeisen genannt, weil beim richtigen, nicht zu steilen Ansetzen des Meißels und entsprechenden Hammerschlägen gezielt Gesteinsstücke abgesprengt werden können. Für größere abzusprengende Stücke setzt man breitere Trennmeißel ein. Im Aufschluß dient er zum Formatisieren. Mit mehreren Trennmeißeln, in kurzen Abständen auf einer Linie eingesetzt, können Gesteine gezielt gespalten werden.

Mit dem **Spitzmeißel mit langer Spitze** werden Gesteine aufgesprengt. Allerdings nicht in der Nähe eines Fossils, denn dann ist die Gefahr, es zu beschädigen, groß. Die lange, vierkantige Spitze wirkt stärker nach vorn als seitlich.

Der **Spitzmeißel mit kurzer Spitze** dient wegen der größeren Seitenwirkung auch für feine Meißelarbeiten in der Nähe des Fossils. Besonders dann, wenn nur noch eine dünne feste Schicht die Versteinerung bedeckt. Das Anfeuchten dieser dünnen Schicht kann weiteren Vorteil bringen.

Der **Flachmeißel** mit spitzzulaufender

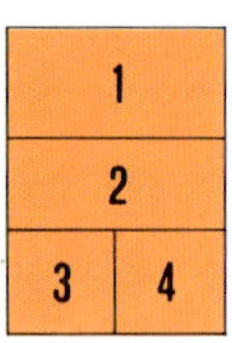

Tafel 48

1 Klassischer Geologenhammer. Am Stielende gefaßt, wird die Schwungkraft voll ausgenutzt.
2 Leichter Bergfäustel beim Aufklopfen einer Knolle.
3 Flachmeißel mit Meißelbart.
4 Stemmeisen mit abgerundeter Schneide zum Bearbeiten schüsselförmiger Oberflächen auf der Innenseite einer Hahnenkammausternschale.

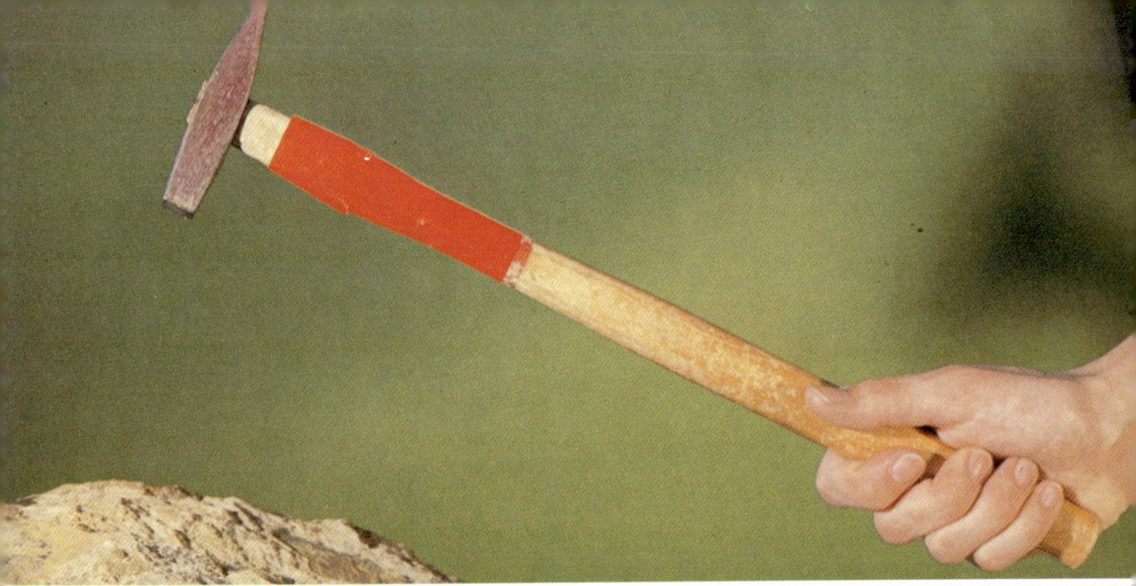

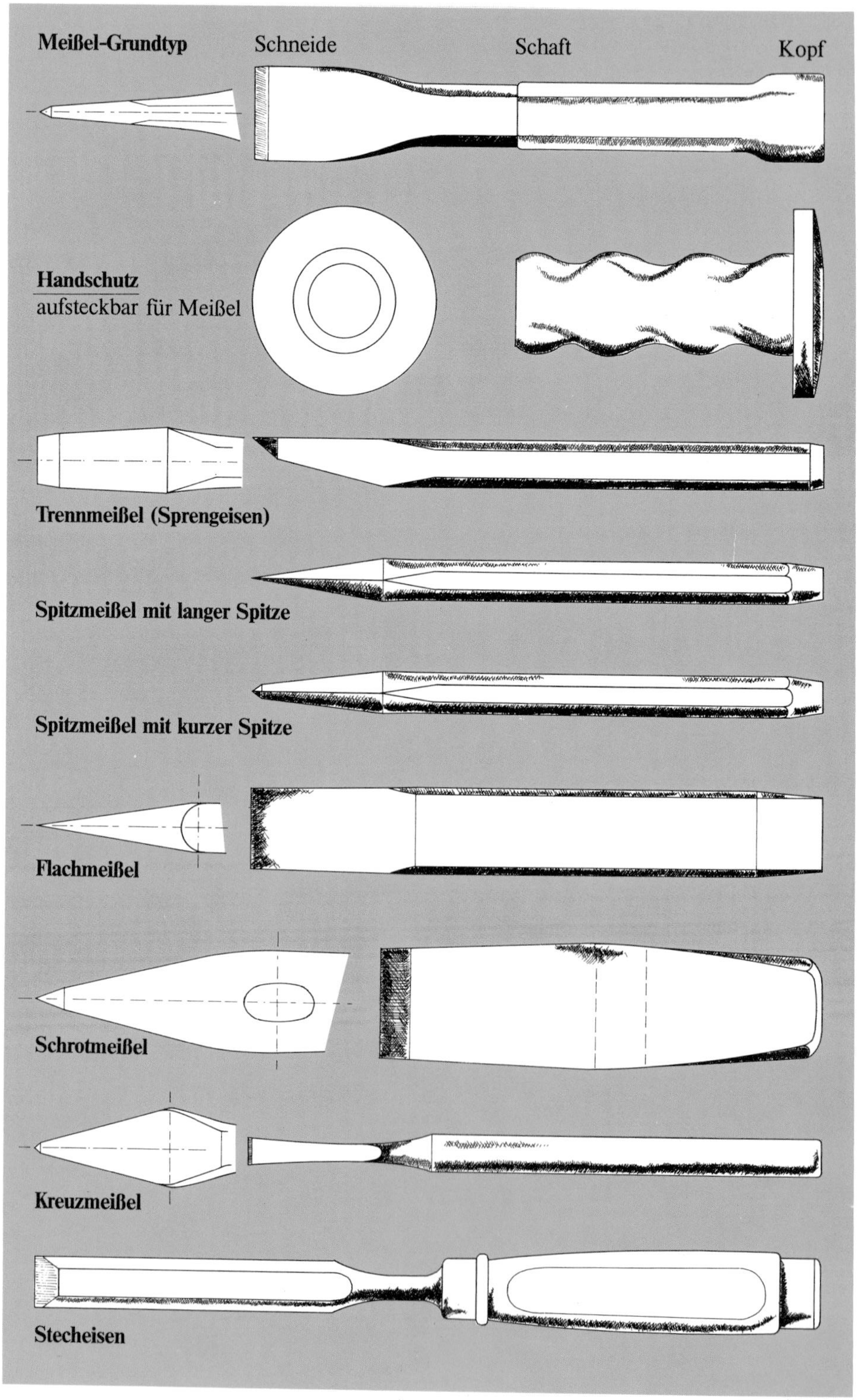
Meißel-Grundtyp
Schneide
Schaft
Kopf
Handschutz
aufsteckbar für Meißel
Trennmeißel (Sprengeisen)
Spitzmeißel mit langer Spitze
Spitzmeißel mit kurzer Spitze
Flachmeißel
Schrotmeißel
Kreuzmeißel
Stecheisen

Schneide dient zum Glätten von Gesteinsoberflächen. Eine ähnliche Form besitzt der **Schrotmeißel**, der für Trennarbeiten benutzt wird.
Der **Kreuzmeißel** verengt sich nach der Schneide in der einen Seite und verstärkt sich nach der anderen; dadurch treten kaum Seitenwirkungen auf. So ist er der ideale Meißel für tiefwirkende Arbeiten.
Für weniger wuchtige Meißelarbeiten an Fossilien in verfestigtem oder härterem Gestein eignen sich **Stecheisen** hervorragend. Dieses speziell zur Holzbearbeitung verwendete Werkzeug mit einem rechteckigen Querschnitt des Eisenteiles, ist auf beiden Seiten und an der Vorderkante abgeschrägt und vorn scharf zugeschliffen. Es sollte mit einem etwas abgeflachten und dadurch besser in der Hand liegenden Holzgriff (Heft) versehen sein, der unten und oben durch Stahlringe vor dem Aufsplittern geschützt wird.
Wer mit Stecheisen (Stechbeitel) Holz bearbeitet, dem dürften bei dem Gedanken, dieses geschätzte Werkzeug gegen Gestein einzusetzen, die Haare zu Berge stehen. Der Fossilienfreund wird seine Stecheisen für gröbere Präparation bald unentbehrlich finden und beim Neukauf auf beste Qualität achten. Die Schneide muß selbstverständlich immer wieder am Schleifstein oder besser noch in einer Werkstatt nachgeschliffen werden, wenn Scharten auftreten. Um zu harte Schläge auf diesen Meißelersatz zu vermeiden, sollte man einen Holzhammer zum „Klopfen" auf das metallringbewehrte Griffende benutzen. Vorsicht ist beim Freilegen von schüsselförmigen Fossilflächen nötig, weil die spitzen Ecken der Schneide das Fossil leicht beschädigen können. Hier hilft ein Abrunden der Schneide (*48 – 4*).
Manche, allerdings verhältnismäßig grobe Hilfen können Heimwerkergeräte mit ihrem vielfältigen Zubehör, wie Bohrer, Schleifscheiben, Sägen u. a. bieten. Vibrationsgeräte (*49 – 1*), aber auch biegsame Wellen (*49 – 2*), die die Kraft eines Elektromotors über ein Handstück mit Fasserhammereinsatz übertragen, können zumeist unterschiedliche Meißelspitzen (*49 – 3*) als Werkzeug aufnehmen (*siehe auch Seite 119f.*). Wohl lassen sich diese Geräte in der Klopfgeschwindigkeit regulieren, doch greifen selbst Fachleute für allerfeinste Arbeiten zu Schabemesser und Nadel, um unwiederbringliche Stücke sicher freizulegen.
Wer intensiver Fossilien sammelt und präpariert, findet in einem Meißelgerät die wirkungsvollste mechanische Präparierhilfe.

Abb. 26: Nützliche Meißel.

Präparieren mit Messer und Nadel

Ein Mehrzwecktaschenmesser, wie beispielsweise das Schweizer Armeemesser, gehört wegen seiner vielseitigen Verwendungsmöglichkeiten selbstverständlich zur Ausrüstung eines Fossiliensammlers. Benutzt man es aber im Aufschluß zum Herauslösen von Fossilien, so kann man sich, wenn es, was leicht passiert, zusammenklappt, häßliche Verletzungen zuziehen. Feststehende oder feststellbare Messer eignen sich dafür besser, besonders wenn sie, wie **Fahrtenmesser**, einen Schutz gegen das Vorrutschen der Hand zur Schneide hin haben. Zu gefährlichen Verletzungen führen immer wieder abgleitende spitze Messer, mit denen Gesteinsbrocken in der Hand bearbeitet werden. (*50 – 1*). Hier ist Vorsicht geboten!
Wer Fossilien aus weichen Schieferschichten, wie z. B. aus Messeler-Ölschiefer, oder aus feuchten, weichen Mergelschichten, wie z. B. aus den miozänen Pflanzenschichten, bergen will, benutzt das Messer zum Formatisieren der frischen, noch bergfeuchten Schiefer- oder Mergelstücke. Beim Präparieren eignen sich Messer zum Schaben und Kratzen, aber auch zum Einstreichen und Glattstreichen von Klebern und Kitt.
Ein guter Präparator legt besonderen Wert auf seine **Präparations-Schabemesser**, die er oft aus bestem Flachstahl bestellt und selbst

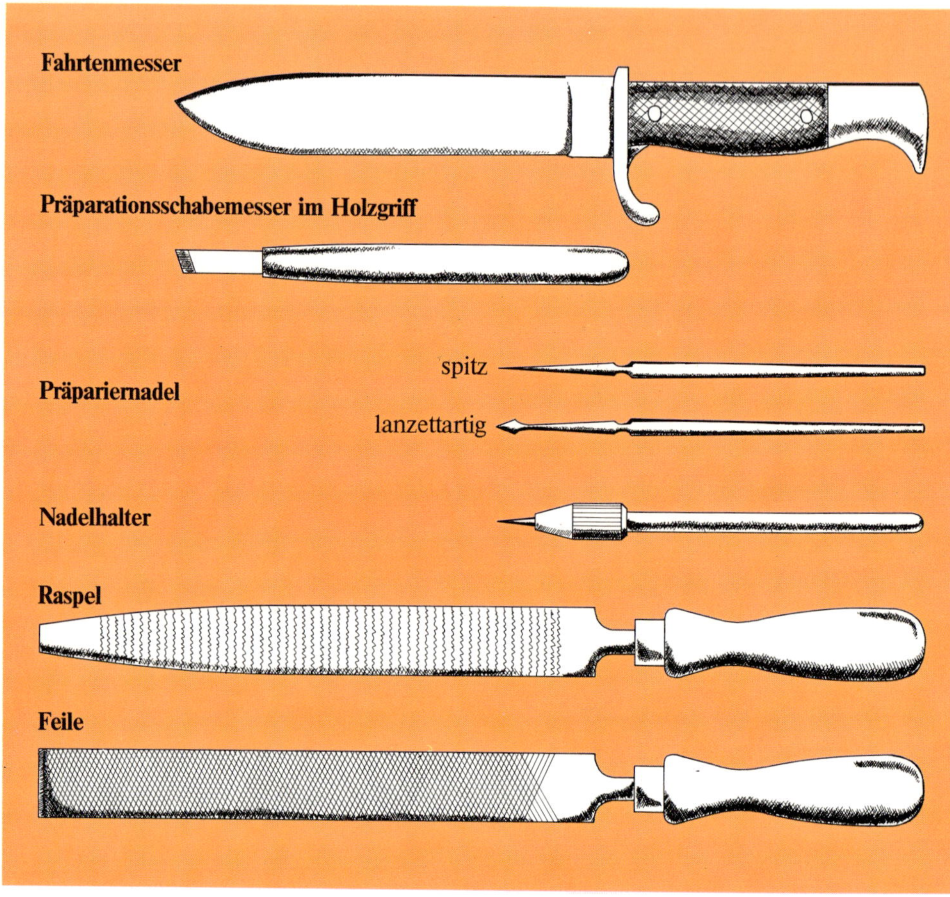

Abb. 27: Nützliche Messer, Nadeln und Feilen.

in einen Holzgriff einsetzt. Es wird in etwa bei aufliegender Hand von vorn nach hinten links geschabt, damit die freizuschabende Stelle gut beobachtet werden kann(*50–2*). Gleiche Wertschätzung für feine Präparationsarbeiten verdient die **Präpariernadel**, die ebenfalls aus bestem Stahl bestehen sollte. Stahlnadeln oder auch alte Grammophonnadeln, die in einen **Nadelhalter** eingespannt oder in einen Holzgriff eingesetzt werden, können dem Fossiliensammler gute Dienste leisten. Übt man jedoch zu starken Druck auf die Nadel aus, kann sie sich biegen und evtl. das Fossil beschädigen. Hervorragend eignen sich zum Feinpräparieren auch Stifthalter mit spitzen oder klingenartigen Einsätzen, die wie Bleistiftminen ausgetauscht werden können (*50–3*).

1
2
3

Tafel 49

1 Präparieren mit einem Vibrationsgerät.
2 Ein Motor mit biegsamer Welle und verschiedenen Handstücken für Bürsten, Bohrer und Meißel erleichtert feineres Präparieren.
3 Fasserhammer-Handstücke mit empfehlenswerten Meißelspitzen auf einem Stück Weißjurakalk mit eingeschlossenem, 4 cm großen Ammoniten *Taramelliceras.*

2 GANG GRAVIERER.
ALTSTAEDTEN

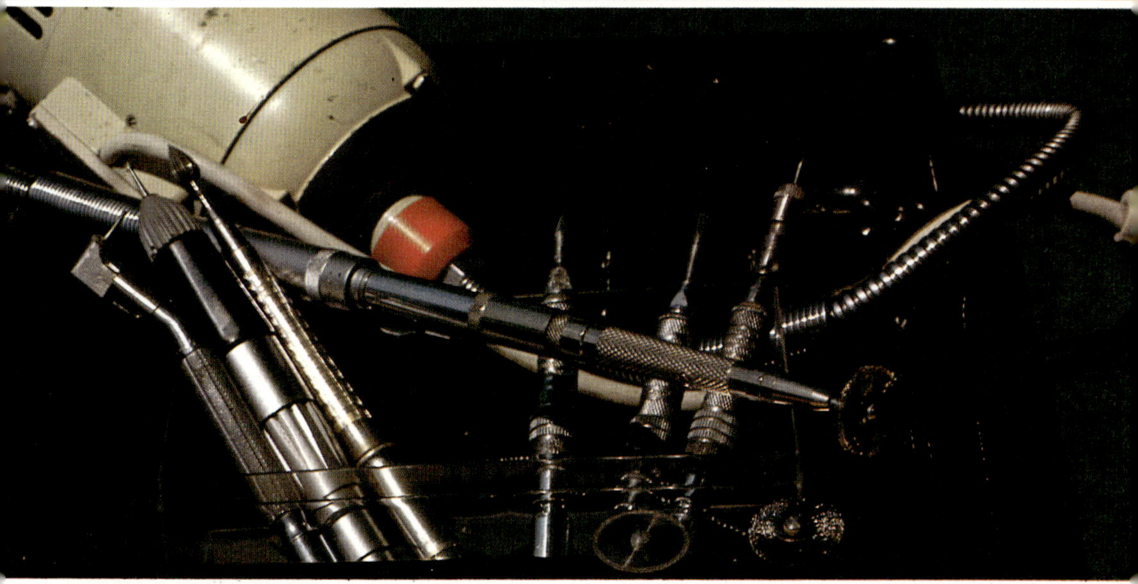

Schärfen, Schleifen, Feilen und Raspeln

Wer seine Werkzeugschneiden in Bestzustand halten will, muß sie immer wieder zurechtschleifen. Für grobes Schleifen mag eine Handschleifmaschine nützlich sein. Die Stahlschneiden der Meißel sollten dabei nicht heiß werden, weil dadurch die Härte des Stahls nachläßt. Beste Ergebnisse können erreicht werden, wenn die Werkzeugschneide über einen flachliegenden Schleifstein geführt wird. Der drehbare Schleifstein mag auch zum Entfernen des Meißelbartes mitbenutzt werden, wofür auch Metallfeilen geeignet sind. **Raspeln** oder **Feilen** können dem Fossilienfreund helfen, scharfe Gesteinskanten bei Fossilplastiken zu brechen oder den Sockel zu ebnen, damit das Stück gut steht.

Formatisieren

Für unbekümmertes Formatisieren von Kalk- oder Schiefertonplatten muß man nach meiner Erfahrung hohen Tribut zahlen: zerstörte Fossilien und zusätzliche Arbeit beim Zusammenfügen der Bruchstükke. Besser geht es, wenn wir dem Beispiel der Solnhofener Plattenbrecher folgen (*siehe Seite 102*) oder das Trennen von Platten nach der Arbeitsweise des Fliesenlegers ausführen, der sich eine Bruchlinie auf der Platte anreißt, mit leichten Meißelschlägen der Linie entlang eine Rille eintieft und schließ-

Abb. 28: Mit diesen Zangen können dünne Schichtplatten oder Steinreste abgezwickt werden.

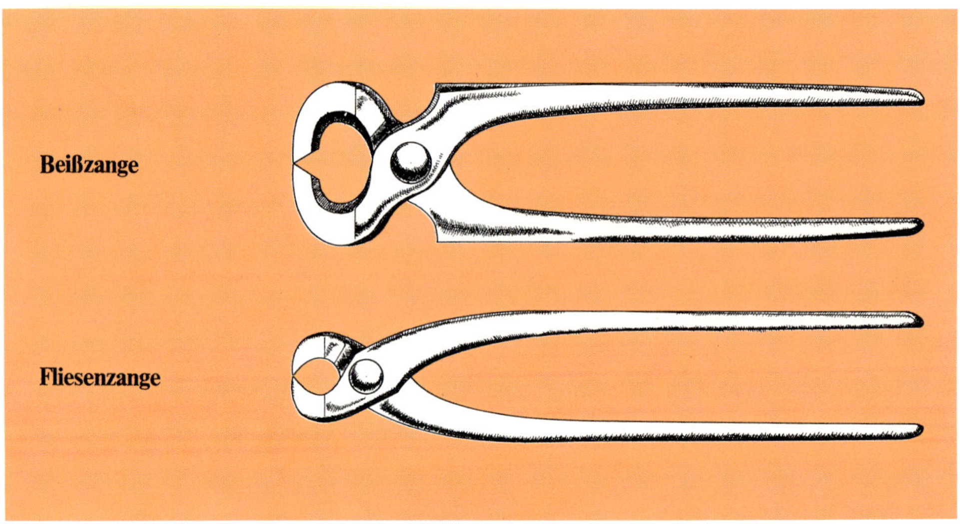

Tafel 50

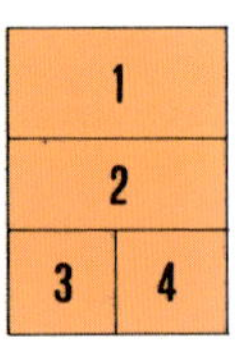

1 Messer sind stets von der Hand weg zu führen.
2 Mit dem Präparierschabemesser wird nach hinten geschabt, damit das Fossil gut beobachtet werden kann. Fisch *Leptolepis knorri* (25 cm) im Plattenkalk, Tithonium (Malm Zeta), Solnhofen.
3 Stifthalter mit Einsätzen zum Stechen und Schaben; im Ton freigeschabter, 4 cm großer Ammonit *Amaltheus.*
4 Dünne, angerissene oder angesägte Schichten können mit einer Beißzange abgetrennt werden. Formatisieren einer Platte mit Belemniten aus dem Pliensbachium.

lich durch Brechen über einer festen Kante oder durch kleine Schläge gegen die Rückseite der Kerbe die Platte trennt.

Man kann auch mit einer **Beißzange** oder noch besser mit einer Fliesenzange versuchen, so lange kleine Plattenstücke abzuzwicken, bis die Größe des Plattenrestes mit dem Fossil den Vorstellungen entspricht (*50–4*). Der Vorteil der **Fliesenzange** liegt im höheren Druck, den sie durch ihr kleineres Maul und durch ihre längeren Schenkel erreicht. Das Brechen von Steinplatten sollte zuvor an fossilfreiem Material geübt werden.

Durch Schaden klug geworden, trägt der erfahrene Fossiliensammler manche eigentlich zu großen Gesteinsbrocken mit Fossileinschlüssen nach Hause. Das gilt besonders auch für Funde in Gesteinsplatten (z. B. Posidonienschiefer, Solnhofener Plattenkalk, Hunsrückschiefer). In aller Ruhe werden dann die Funde untersucht und die abzutrennenden Teile durch Rißlinien mit einer Metallspitze und Lineal gekennzeichnet. Je nach Gesteinshärte können Eisensägen oder aber spezielle Korundsägen (Allesschneider), wegen der besseren Führung möglichst in einer **Bügelsäge**, benutzt werden. Immerhin eine zeitraubende und anstrengende Aktion bei großen Fundstücken. Für das Sägen kleinerer Stücke werden Bügel- oder **Klappsägen** angeboten.

Irgendwo im Nahbereich findet der Fossiliensammler meist ein Unternehmen mit einer Steinsäge, wo er gegen eine geringe Gebühr seine Stücke in gewünschter Weise trennen lassen kann. Er kann sich auch

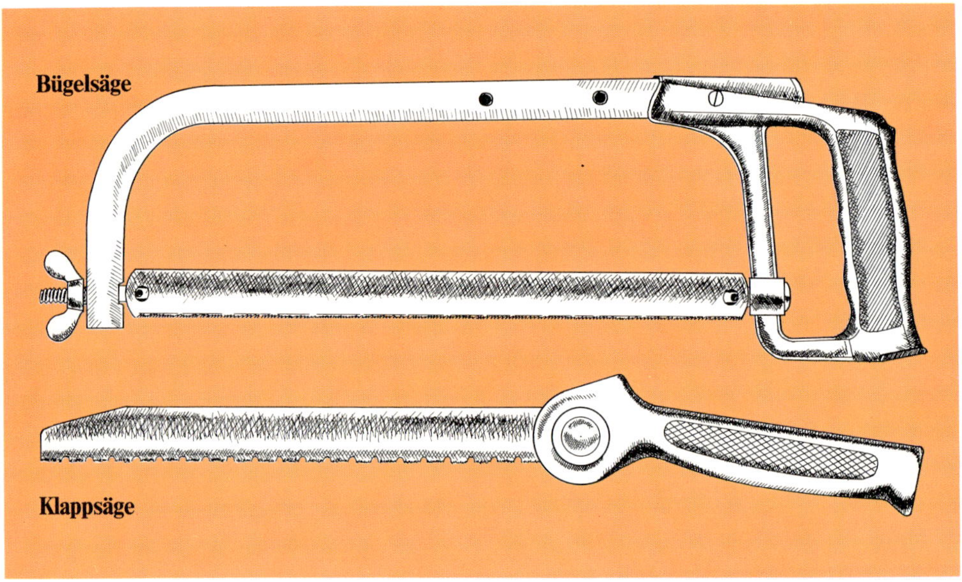

Abb. 29: Sägen für die Steinbearbeitung.

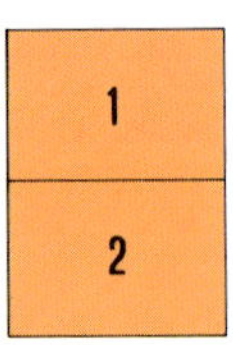

Tafel 51

1 Aufgesägte, 9 cm breite Kalk-Pyrit-Knolle mit *Pleuroceras*, Schale und Kammerwände des Ammonitenphragmokons sind pyritisiert, die Innenkammern kristallin, die Wohnkammer mit Kalk ausgefüllt.
2 Mit feinen Draht- und Messingbürsten freigelegt: zweischalige, 10 cm breite Hahnenkammauster mit aufgewachsener Schalenhälfte einer gleichartigen Auster *Lopha marshi* (Sowerby).

selbst eine Steinsäge kaufen, wie sie speziell für Steinsammler angeboten wird. Dann ist natürlich der Schritt zu einer Schleif- und Poliereinrichtung nicht mehr weit. Hübsche Gehäuseschnitte von Fossilien sind dann möglich (*51 – 1*).

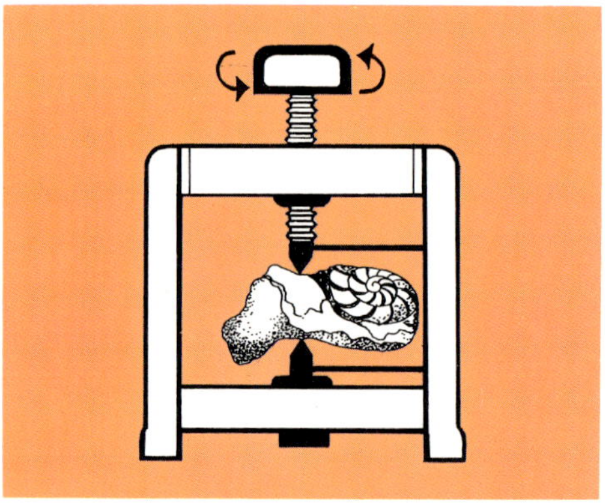

Abb. 30: Stein-Zerkleinerungsgerät (Trimmer oder Steinquetsche).

Zum Formatisieren von Gesteinsbrocken werden auch Zerkleinerungsgeräte (Trimmer) angeboten, die einen langsam sich verstärkenden Druck auf zwei gegeneinander gerichtete, meißelartige Stahlschneiden zulassen, zwischen die der zu teilende Gesteinsbrocken eingeklemmt wird. Der Vorteil dieser Methode liegt im gezielten, langsamen Spalten, denn fast immer zerspringt der Gesteinsbrocken in Quetschrichtung. Beim Trennschlag mit einem Hammer zerbricht das Gestein dagegen meist in unerwünschter Weise – häufig mit dem Ergebnis, daß der Schlag auch für das Fossil der letzte war.

Reinigen von Fossilien

Zu den zwangsläufig traurigen Erfahrungen eines Fossiliensammlers zählen mißglückte Reinigungsversuche. Oft beginnt die Freude am Sammeln mit dem Fund eines verkalkten oder pyritisierten Ammoniten, der sich – kräftig abgebürstet – als Prachtstück entpuppt. Feinere Fossilien und in weichen tonigen bis mergeligen Schichten eingebettete Fossilreste ohne stabile Schale werden durch Abbürsten mit Wasser zerstört. Das gilt erst recht für zarte Pflanzenabdrücke. Wer sichergehen will, muß auch beim Reinigen zuerst an einem gleichartigen Fossilbruchstück den besten Weg der Reinigung erproben. Die Wurzelbürste hilft beim Waschen großer, fester Stücke, während Perlon- und Zahnbürsten mit Wasser zum schonenderen Entfernen verfestigter Bodenschichten an harten Fossilien geeignet sind. Drahtbürsten, besser noch die weicheren Messing- oder Bronzebürsten kann man behutsam mit oder ohne Wasser, bei harten Fossiloberflächen ohne Feinteile verwenden (*51 – 2, siehe auch Seite 30*). Recht gut bürstet man Kalkreste von festen Fossilien ab, wenn man das Fossil über eine von Wasser gerade noch bedeckte etwa 20 × 5 cm große **Bronzebürste** führt.

Abb. 31: Abbürsten von festen Fossilien über eine Bronzebürste im Wasserbad.

Zum Entfernen lockerer, feuchter Bodenkrümel z. B. auf empfindlichen Fossiloberflächen verwende ich einen weichen Radierbesen (*11 – 1*). Ein feiner Hand- oder Kuchenbesen mag gleich gut geeignet sein. Bei trockenem, losem Staub hilft Blasen oder ein Staubpinsel. Verkieselte, d. h. durch Kieselsäure (SiO_2) gefestigte Fossilien, wie z. B. Kieselkorallen, werden oft von anhaftenden, festen kalkigen Resten schon durch längeres Liegen im Regen befreit. In manchen Fällen

können auch feine, aber in sich gefestigte Fossilien durch ein Ultraschallbad vollkommen gereinigt werden.
Die großen paläontologischen Institute verfügen meist über modernste Präparationshilfen. Ein wichtiges Gerät ist das von dem Schweizer Prof. Kuhn-Schnyder entwickelte Sandstrahlgerät. Zeitsparend und fossilschonend werden hier auf einem Präparationstisch mit durchsichtiger Abdeckung durch eine Strahlpistole mineralische Feinsande oder organische Pulver (z. B. zerriebene Nußschalen) zum Freilegen empfindlicher Fossilien eingesetzt. Vom Präparator wird dabei höchste Konzentration verlangt, weil sehr schnell auch das Fossil beschädigt werden kann.

Optische Präparierhilfen

Gute Augen oder besser noch rechtzeitiges Erkennen im Aufschluß gehören zum erfolgreichen Fossiliensammler, denn nur selten zeigt sich ein Fossil in voller Größe. Oft muß er an kleinen Anhaltspunkten, wie Schalenstücken, Rundungen oder an typischen Gesteinsbildungen das versteckte Fossil erahnen (*28 – 1*). Für das Entdecken spezieller Feinheiten mag vor Ort auch eine Lupe von Nutzen sein. Doch erst bei der Präparation fällt dem Betrachten, der guten Optik, eine entscheidende Bedeutung zu. Die Lage des Fossils und seiner feinsten Teile muß rechtzeitig erkannt und beim Präparieren berücksichtigt werden. Handlupen (*53 – 1*) oder **Leuchtlupen** für kurzzeitiges Betrachten sollen noch ein relativ großes Fossilstück und damit die Zusammenhänge erkennen lassen – dafür wähle man keine zu starke Vergrößerung.
Für die Präparationsarbeit am großen Fossil eignen sich Stereolupen (*Tafel 52*), biegsame

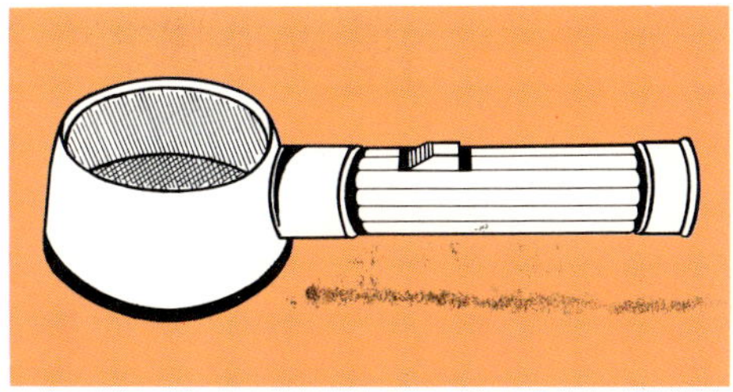

Abb. 32: Leuchtlupe. Es gibt natürlich auch noch andere Ausführungen.

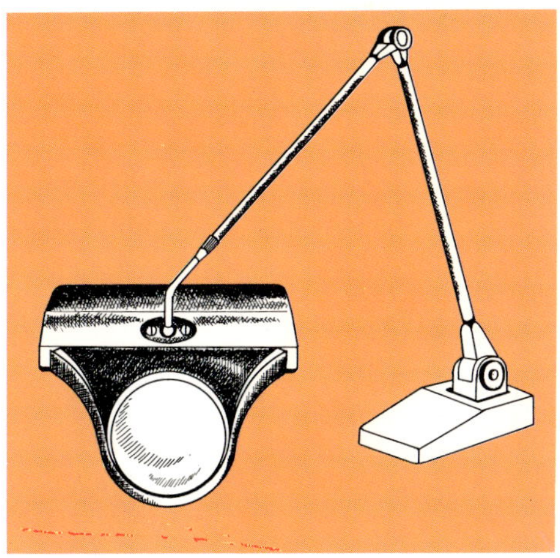

Abb. 33: Lupenlampe. Auch davon gibt es selbstverständlich andere Typen.

Tafel 52 (Seite 116)

Präparieren mit Stereolupe.

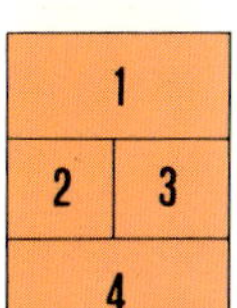

Tafel 53 (Seite 117)
1 Binokular-Kopflupe und Handlupen.
2 Sandsack mit aufliegendem, 16 cm großem Kalkgestein mit Belemnitenansammlung aus dem Toarcium (Lias Zeta) von Göppingen.
3 In eine Styroporplatte eingesteckte, griffbereite Werkzeuge.
4 In einem Holzwinkel zur Präparation eingeklemmtes, 8 cm großes Gesteinsstück mit dem Krebs *Pemphix sueuri* DESMAREST aus dem Oberen Muschelkalk von Haigerloch.

4 5 6 7 1 2 3
11 12 13 14 8 9 10
15 16 17
April

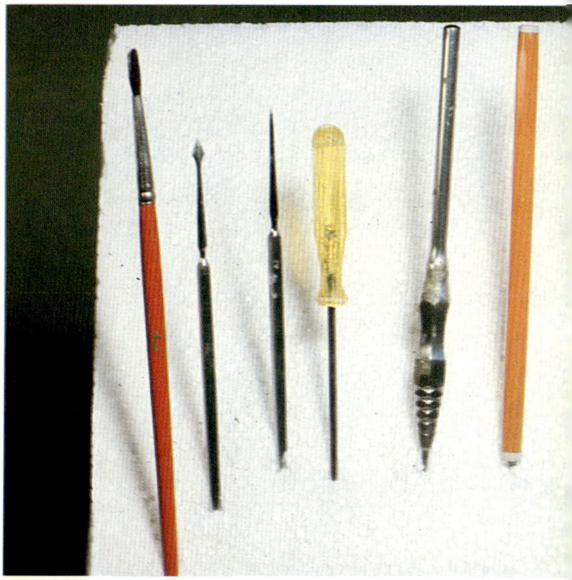

Lupenlampen oder Binokular-Kopflupen (*53–1*). Für diese Präparationsoptik wähle man eine angemessene Vergrößerung, z. B. 1,5 x (= 6 Dioptrien). Die Optik der Binokulare kann schnell ausgewechselt werden, falls eine Feinstpräparation noch stärkere Vergrößerung verlangt.

Wer Kleinstfossilien sammelt und präpariert, kommt kaum ohne Stereomikroskop aus. Mit verschiedenen Vergrößerungsfaktoren oder sogar mit stufenloser Vergrößerung bis etwa zum 40fachen machen diese Geräte kleinste Details sichtbar.

Viele Fossilien gehen verloren, weil sie im Gestein nicht erkannt werden. Versuche, mit Röntgenstrahlen verborgene Fossilien zu entdecken, sind schon aus dem 19. Jahrhundert bekannt. Doch erst mit einer mobilen Röntgeneinrichtung (nach Prof. Wilhelm Stürmer, Erlangen) gelang es 1971, Gesteinsplatten in großer Zahl bereits in den Aufschlüssen auf den Fossilinhalt hin zu untersuchen. Ein für den Fossiliensammler praktisch noch unzugängliches Verfahren, das auch nur dann die gewünschten Ergebnisse zeigt, wenn sich am Fossil gegenüber dem umgebenden Gestein kontrastbildende, stoffliche Veränderungen zeigen, wie z. B. die winzigen Schwefelkiesbildungen in und um die Fossilien im Hunsrückschiefer. Schließlich eröffnen sich dem forschenden Paläontologen heute mit Hilfe des Elektronenrastermikroskops Einblicke in die feinsten fossilen Organismenreste.

Fotos von Aufschlüssen, speziellen Ablagerungsschichten und von Fossilien können noch nach Jahren bei der Fossilbestimmung helfen, deshalb sollte man seinen Fotoapparat auch zum Fossiliensammeln mitnehmen.

Ein Arbeitsplatz zum Präparieren

Auch für den Arbeitsplatz kann ich dem „Hobbypräparator“ keine Patentlösung anbieten. Glücklich preisen mag sich jeder, der sich seinen festen Präparationsplatz einrichten kann, wo er sich betätigen kann, wann und für wie lange oder kurze Zeit auch immer. Er kann dort alles stehen und liegen lassen und wiederfinden, wie er mag: seine persönliche „Ordnung“, eine Art Präparationsatelier. Was man dort alles an nützlichem Zubehör neben den verschiedenen Werkzeugen und Geräten vorfinden kann, will ich am Beispiel meines Präparationsplatzes beschreiben, den ich mir in einer Dachkammer einrichtete.

Die Tischfläche kann für mich nicht groß genug sein, denn immer gibt es beim Präparieren etwas abzustellen, wegzulegen: viele Steine und Werkzeug, aber auch manches Zubehör. Auf dem Tisch steht als **Präparationskasten** ein ausgedienter, schallisolierter Holzkasten, wie man ihn für spezielle elektrische Schreibmaschinen benutzte. Da es bei diesem Präparationskasten nicht auf ästhetische Formen ankommt, kann man ihn leicht selbst aus einigen Brettern anfertigen: die Rückwand hoch, die Seiten angeschrägt, damit genügend Licht einfallen kann. Oben ein schmales Deckbrett. Das alles nur, um bei Meißelarbeiten den größten Teil der Steinsplitter aufzufangen. Der Kastenboden kann innen unbehandelt bleiben, dagegen sollten die übrigen Innenflächen mit dünnem, festem Schaumstoff o. ä. beklebt werden, denn dadurch wird das Geräusch auftreffender Splitter gedämpft und der Aufprall auch von abspringenden Fossilteilen gemildert.

Styropor- oder ähnliche Festschaumplatten eignen sich gut zur Geräuschdämmung. Deswegen liegt lose auf dem Kastenboden eine entsprechende, ca. 2 cm starke Platte. Darauf kann man den traditionellen **Sandsack** legen. Das ist ein nicht zu prall mit feinem Sand gefüllter, größerer strapazierfähiger Beutel, den man stets so formen kann, daß das zu präparierende Stück fest, aber doch etwas nachgebend gehalten wird (*53–2*).

Ich verwende auch gerne dicke Schaumstoffstücke aus dem Verpackungsabfall von Haushaltsgeräten. In den Schaumstoffhohl-

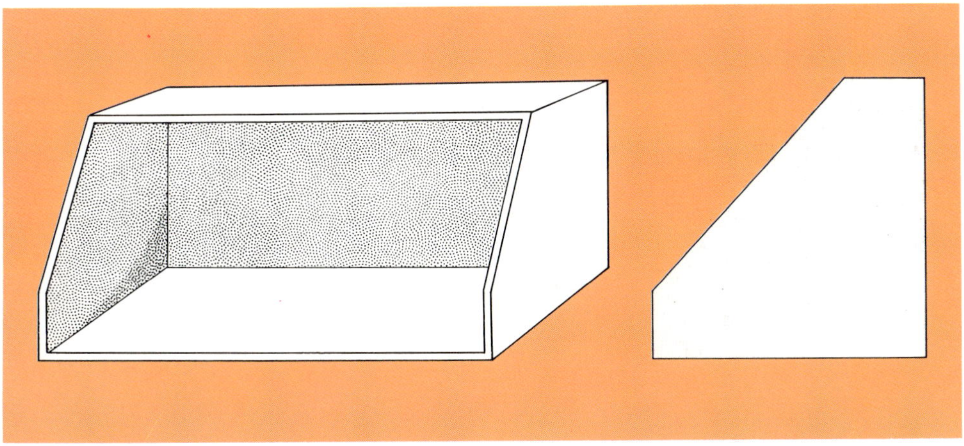

Abb. 34: Präparationskasten

räumen liegen die Steinstücke gut, geben aber stark nach. Man kann jetzt meist einen kräftigen, gezielten Schlag führen, ohne dem Fossil an anderer Stelle Schaden zuzufügen. Harte Gesteinsstücke können auch in ein **Klemmbrett** eingeklemmt und dadurch für das Präparieren festgehalten werden (*53–4*). Das Klemmbrett ist ein dickeres Holzbrett mit winkelförmigem Ausschnitt. Man befestigt es mit einer Schraubzwinge an der Tischplatte. Wer einen Schraubstock besitzt, kann – natürlich mit aller Vorsicht – sein entsprechend unempfindliches Fossil oder Gesteinsstück, durch Pappstücke geschützt, möglichst in der Mitte zwischen den Klemmbacken befestigen. Es sitzt dann fest und starr – ein Vorteil für die feinere Präparationsarbeit. Schraubstöcke, die man bei Bedarf an der Tischplatte befestigen kann, gibt es z. B. in Eisenwarenhandlungen in verschiedenen Größen, so daß man den entsprechenden auswählen kann.

In Griffnähe meines Präparationsplatzes steht eine 5 cm dicke und 50 × 100 cm große **Styroporplatte.** In sie stecke ich Messer, Nadeln, Pinsel und anderes feineres Werkzeug, um es übersichtlich verfügbar zu halten und schnell ergreifen oder wegstecken zu können (*53 – 3*).

Wer gut präparieren will, muß auch gut sehen können. Und das hier gleich im dreifachen Sinne. Einmal, um seine Augen zu schonen, dann, um die Wirkung seiner Präparationsaktionen zu verfolgen und drittens schließlich, um rechtzeitig Lage und Erhaltungszustand des Fossils im Gestein zu erkennen.

Sortier- und grobe Präparationsarbeiten nehme ich unter einer Deckenbeleuchtung aus 2 Leuchtröhren mit insgesamt 1000 Lux vor. Für Lesen und Schreiben werden z. B. 250 Lux als Allgemeinbeleuchtung oder 500 Lux als Platzbeleuchtung gefordert. Bei Gravier- und Goldschmiedearbeiten empfiehlt man eine Platzbeleuchtung von 4000 Lux.

Für feinere Arbeiten setze ich als schwenkbare Lichtquelle eine mit Gelenken verstellbare Tischlampe ein, die mit einer Schraubzwinge befestigt oder in einen kleinen, auf die Tischplatte aufschraubbaren bzw. einen großen, schweren, selbststehenden Metallfuß gesteckt werden kann.

Für das Präparieren mit der Nadel an kleinen Fossilien oder beim Freilegen feinster Strukturen unter Lupe oder Stereolupe können Glasfaserlichtleiter einwandfreie Lichtverhältnisse schaffen.

Über meinem etwa schreibtischgroßen Präparationstisch hängt von einem Wandarm ein Motor mit biegsamer Welle herunter: ein ausgedientes Zahnarztgerät. Falls es wie unsereiner fühlen könnte, müßte es sich nun in solchem „Ruhestand“ wohlfühlen, denn meinen Ammoniten gehen Bohrer und Bürsten nicht an den Nerv. Das Sortiment verschiedener gebrauchter Bohrer ist groß. Sie tun ihren Dienst, solange sie noch scharf sind, über ein drehendes Handstück, das an die biegsame Welle gesteckt wird. Mit einem Fußschalter läßt sich die Drehgeschwindigkeit stufenlos regeln. Der Motor läuft ruhig, und das Handstück liegt wie ein Schreibstift in der Hand, so kann ich mich voll auf das Fossil konzentrieren.

Am häufigsten benutze ich das Gerät in Verbindung mit kleinen Draht- und Messingbürsten. In Gebrauch habe ich auch eine kleine einsteckbare Korundsägescheibe von etwa 2 cm Durchmesser, die sehr nützlich zum Abtrennen kleiner Steinstücke ist, z. B. dann, wenn Meißeln das Fossil gefährden würde (*54–1*). Neben dem drehbaren Handstück gibt es auch ein Handstück mit einem kleinen, regulierbaren Hub, d. h. mit klopfenden Bewegungen. Kleine Stahlmeißel können eingeschraubt werden (*49–3*). Dieses Handstück wird auch **Fasserhammer** genannt. Wer damit längere Zeit präpariert, braucht ein zweites Handstück zum Wechseln, um die Präparation nicht zu unterbrechen, wenn ein Handstück zu heiß wird.

Nur verhältnismäßig wenige Fossilien sind makellos überliefert. Wer nur diese Stücke sucht, der geht an vielen, sprechenden Funden vorüber. „Sprechend“, weil gerade zerstörte oder veränderte Fossilformen Auskunft geben über das damalige Geschehen, das Leben der Urzeit, oder über Veränderungen des Ablagerungsgesteins nach der Einbettung des Fossils. Solche Anomalien, wie z. B. durch äußere Einflüsse zerstörte Fischreste oder ungewöhnliche Entwicklungsformen, die sich aus fossilisierten Hartteilen ablesen lassen, wird man besonders gern unverändert in die Sammlung legen.

Anders bei Fossilien, die durch Gesteinsrisse geteilt nur stückweise geborgen werden können. Feuchtigkeit und Temperaturwechsel lösen das Gestein an den Trennfugen mitunter derart auf, daß die einzelnen Fossilstücke dann nicht mehr nahtlos zusammenpassen. Diese Stücke wieder zusammenzufügen und damit das Gesamtbild des ursprünglich ganzen eingebetteten Fossils in etwa wiederherzustellen, gehört selbstverständlich auch zur Präparation (*siehe auch Seite 130*). Viele schöne Stücke in den Museen sind geklebt und „ausgebessert“.

Auch Fossiliensammler können aus Bruchstücken Prachtexemplare für ihre Sammlung zusammenfügen (*54–2, 4*). So läßt sich auch erklären, warum ein **Mörser** und ein **Handsieb** neben meinem Präparationstisch stehen. Feine Gesteinsstücke aus Aufschlüssen und speziellen Ablagerungsschichten, oft auch Abfallsteinmehl der Grobpräparation sammle ich in entsprechend markierten Tüten oder Behältern, damit ich mir dann daraus, wenn ich einen Riß oder eine Lücke ausfüllen möchte, im Mörser Steinmehl reiben kann. Mit dem Handsieb trenne ich feines Steinmehl vom gröberen, das dann erneut im Mörser zerrieben wird. Das Steinmehl wird mit Steinkleber oder Steinkitt zu einem Brei vermischt, mit dem sich häßliche Risse und entstellende Löcher füllen und ausgleichen lassen.

Auch Tesakrepp und Klebeband helfen hei-

Tafel 54

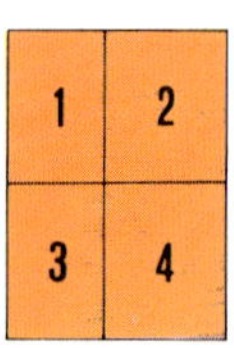

1 Handstück für biegsame Wellen mit Korundsägescheibe. Daneben *Pleuroceras* (3 cm) mit gesägtem Windungsquerschnitt.
2 Aus Teilen zusammengefügte, weitgehend zerstörte Oberseite eines 45 cm großen Liasammoniten.
3 Belemnit, dessen Bruchstelle mit einem Klebestreifen gekennzeichnet und bis zur Präparation zusammengehalten wird.
4 Präparierte Unterseite des gleichen, 45 cm großen Ammoniten *Arietites solarium* (QUENSTEDT) mit einigen aufsitzenden Austern *Gryphaea arcuata* aus dem Unteren Sinemurium (Lias Alpha 3) von Aldingen, Schwäbische Alb.

len. Wie oft brach mir doch schon eine schöne Versteinerung kurz vor dem völligen Freilegen auseinander. Aus Kalkspat bestehende Ammoniten, die ich, weil sie selten ganz erhalten sind, unbedingt herausmeißeln wollte, zerbrachen mir sogar bis zu sechsmal hintereinander. Die zum Präparieren so wichtige, positive Grundstimmung (sprich: gute Laune) fällt im Augenblick des Malheurs in sich zusammen. Jetzt sofort die Stücke kleben? Das mute sich ein Profi zu! Ich füge manchmal die Stücke zusammen, umwickle sie mit dem Klebeband (*54 – 3*) und lege sie auf ein spezielles Tablett. Dort warten die „Schwerbeschädigten" auf ihre Operation. Irgendwann gibt es dann den Operations-oder Klebetag, der dann wieder richtig Spaß macht.
Zubehör mögen im weiteren Sinne alle Gerätschaften und Hilfsmittel sein, die dem Fossiliensammler das Präparieren erleichtern. Manches davon führe ich unter speziellerem Blickwinkel z. B. beim Thema „Kleben" oder „Sicherheit" auf. Hier sei aber noch das Stück ALU-Folie genannt, deren glatte Seite mir in zerknautschtem Zustand als luftige Unterlage beim Trocknen von mit Lösungen eingestrichenen kleinen Fossilien dient (*55 – 1*). Papier ist dafür meist nicht geeignet.

Vom Aufschluß zur Ausstellung

Vom Aufschluß bis zur Präparation

Der Weg eines Fossils vom Aufschluß in die Vitrine kann kürzer oder länger sein. Manche Stücke schaffen ihn an einem Tag, andere brauchen dazu Jahre oder Jahrzehnte. Mitunter sogar über ein Jahrhundert, wenn ich an die immensen Mengen von Fossilien denke, die in den Magazinen vieler naturkundlicher Sammlungen noch auf ihre Prüfung, Präparation und Deutung warten, weil Personal und Ausstellungsflächen bzw. die erforderliche Finanzhilfe fehlen.
Der Fossilienfreund, der mehr oder minder nebenbei und doch ernsthaft Versteinerungen sucht, sortiert, präpariert, bestimmt und auch systematisch ordnet und aufbewahrt, wird bald seinen Steinvorrat sichten und lichten müssen. Versetzt ihn anfangs der kleinste Abdruck eines Fossils in Entzükken, so wird er mit zunehmender Erfahrung mehr finden und bald, spätestens nach einigen Jahren, vor zwei wichtigen Entscheidungen stehen. Er muß seine Sammlungsstücke gründlich aussortieren, was nach alter Überlieferung „mindestens 7mal auf dem Wege zu einer vernünftigen, erstklassigen Sammlung" geschehen muß. Zweitens wird er sich auf ein Sammlungsgebiet spezialisieren müssen, am erfolgversprechendsten wäre die Konzentration auf einen nahegelegenen Aufschluß. Aber auch nach erdgeschichtlichen Zeiträumen, nach geographischen Gebieten, nach Fossilgruppen könnte er beispielsweise sammeln.
Vom Finden einer Versteinerung bis zum Ausstellen des fertigen Stückes benötigt der Sammler immer wieder die verschiedensten Behälter. Im Aufschluß sind alte Zeitungen zum vorsichtigen, schützenden Verpacken von Gesteinsbrocken mit Fossilien bestens geeignet. Ein Rucksack und stabile Tragetaschen zum Transport der natürlich mit Fundstelle und Fundschicht bezeichneten, oft schweren Stücke sind vorteilhafter als leichte Beutel. Denn vor Ort gilt der Rat: besser einen größeren Brocken mitnehmen und zu Hause in Ruhe prüfen und bearbeiten, als ihn am Fundplatz voreilig zu zerstören. Auf dem Transport vom Aufschluß zum Fahrzeug riß schon mancher zu schwache Tragegriff, scharfe Kanten unverpackter Steine zerstörten dünne Beutel.
Größere und gleichzeitig relativ dünne Steinplatten packe ich, nachdem ich die Oberfläche durch Zeitungspapier oder Schaumstoff geschützt habe, zwischen zwei feste Pappen, die ich dann zusammenbinde (*23 – 1*). Durchsichtige Beutel, die an der oberen Kante mit einer Druckrille verschlossen werden können, eignen sich gut zur Aufnahme kleiner, fester, z. B. pyritisierter Fossilien sowohl im Aufschluß, wo der

Beutel mit Inhalt zum sicheren Transport noch zusätzlich in Zeitungspapier eingeschlagen werden sollte, als auch zu Hause zur luft- und feuchtigkeitsschützenden Verwahrung der Funde.
Beutel, Schalen, Teller, Becher, Schachteln und andere Behälter aus Kunststoff oder Pappe, die im Haushalt anfallen, passieren auf dem Weg zum Müll meinen Georaum. Sie erleichtern das sorgfältige Lagern und Sortieren von Fossilien und sind willkommene Präparierhilfen, weil sie, einmal benutzt, weggeworfen werden können.
Kleine Glasflaschen oder Glas- bzw. Keramikbehälter braucht man für Lösungsmittel und Chemikalien, wie z. B. Lackverdünner oder Aceton, die manchen Kunststoff auflösen würden.
Überprüft man die Funde eines Exkursionstages nicht gleich auf Präparierwürdigkeit, dann sollte man sie, um ein Durcheinander zu vermeiden, nach Fundstellen getrennt lagern. Dafür eignen sich hölzerne Obststeigen, feste Pappkartons jeglicher Herkunft und Größe – natürlich auch ausrangierte Laborschalen oder Tabletts, denn Steine, Mergel und Ton würden neue Behälter ohnedies bald unansehnlich machen.
Um Pappkartons stabiler und belastbarer zu machen, lege ich ein möglichst die ganze Fläche deckendes Stück fester Pappe auf den Kartonboden. Mit einem scharfen Küchenmesser mit Sägeschliff läßt sich starke Pappe, über eine Tischkante gelegt, gut zurechtschneiden. Auch für andere Behälter sind Pappeinlagen vorteilhaft: bei Holzsteigen fällt kein Fossil durch die Bodenspalten, und außerdem ist Pappe für Fossilien eine relativ weiche und damit schonende Unterlage.
Erst wenn zu Hause die Fundstücke mit Pinsel, Staubbesen, Bürste oder Wasser von Staub und anhaftender Erde befreit sind, entscheide ich mich für oder gegen ein Präparieren. Gezielt und mit großer Spannung zerkleinere ich dabei in Ruhe manche Gesteinsbrocken und entdecke oft kleine Fossilien, die vorher nicht zu erkennen waren.

Abb. 35: Faltschachtel, zusammengefaltet und mit Inhalt geschlossen.

Abfälle wandern in den Abfallbehälter. Vielversprechende Stücke mit neuen Arten oder Fossilien mit im Vergleich zu den vorhandenen besserem Erhaltungszustand behalte ich in einer Schale mit Fundstellenvermerk am Präparierplatz. Die übrige Ausbeute lege ich sorgsam in eine etwa 25 x 15 x 50 cm große **Faltschachtel**, die leer und zusammengefaltet wenig Platz braucht. Ich beschrifte sie mit Fundstelle, Fundschicht und -datum und stelle sie in einem Kellerregal ab. Empfindliche Stücke wie z. B. in weichem Mergel oder Ton eingebettete zarte Pflanzenreste oder pyritisierte Fossilien sollten zuvor präpariert bzw. vor dem Zerfall geschützt werden.

Von der Präparation bis zur Ausstellung

Ein Fossiliensammler zählt rechtens zu den Menschen, die glücklich zu preisen sind. Er trainiert nicht nur seinen Geist, indem er ihn geologisch/paläontologisch einspannt, und er hält nicht nur seinen Körper fit, indem er ihn in frischer Luft bei harter Arbeit bewegt: positiv prägen ihn auch die vielen Erfolgserlebnisse beim Entdecken der Spuren aus der Entwicklungsgeschichte der Erde, beim Anblick seiner präparierten Versteinerungen und schließlich die Freude an jedem Stück, das zweifellos einmalig ist und das er vor dem Zerfall bewahrte.

FOSSILKARTEI

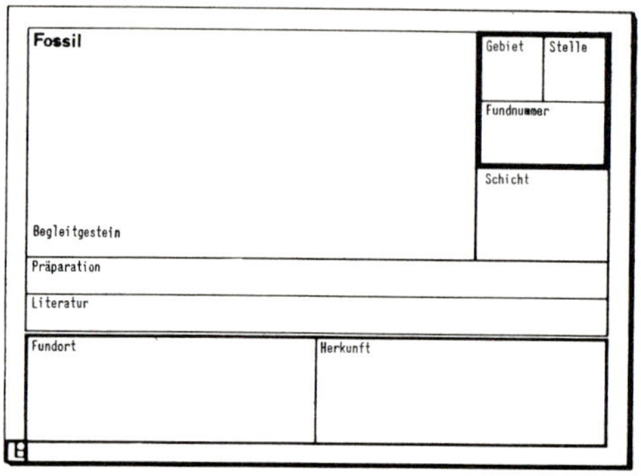

Abb. 36: Fossilkartei

FUNDORTKARTEI

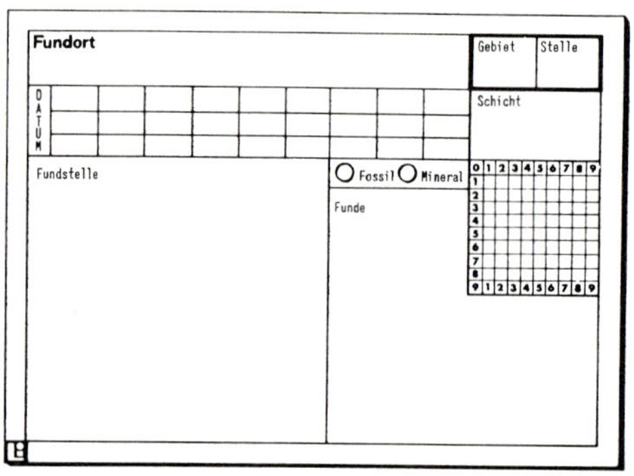

Abb. 37: Fundortkartei

Bis er es fertig präpariert hat, ist ihm sein Fossil ans Herz gewachsen. Er tut gut daran, es dann sofort zu beschriften – auch schon vorher, wenn er es einmal halbfertig präpariert aus der Hand legen sollte. Fundort, Fundschicht und -datum bzw. die Herkunft des Stückes können immer vermerkt werden: direkt auf der Rückseite des Fossils mit wasserfestem Stift (*41–1*) oder auf einem Etikett, das aufgeklebt wird, auf einer **Fossilkarteikarte**, mit einer Kennummer, die auch das Fundstück trägt und auch evtl. zusätzlich auf dem zugehörigen Behälter. Fossilien ohne Beschriftung sind fast wertlos. Deshalb halte man zu jedem Fossil seiner Sammlung wenn möglich die folgenden Angaben bereit

1. *Fossilbezeichnung:* Gattung und Art, dazu evtl. Name des Determinanten (Autor der Erstveröffentlichung)
2. *Schichtbezeichnung:* System, Abteilung, Stufe, Zone
3. *Fundstelle:* Ort, Aufschluß, im Idealfall mit Rechts- und Hochwert der entsprechenden topographischen Karte 1:25 000, evtl. Skizze und Angabe, ob Schicht- oder Haldenfund.
4. *Fundjahr*
5. *Finder oder Herkunft*

Ich verwende eine spezielle **Fundortkartei.** Für den Amateur, aber auch für Fachpaläontologen gilt es als äußerst schwierig, die Art eines Fossils spontan richtig zu bestimmen. Gründe dafür sind die weltweiten Prioritätsrechte für einen Fossilnamen, wobei die Erstveröffentlichung gilt, der Mangel an geeigneter Literatur und die mitunter schwer zu übersehende Formenvielfalt gleicher Arten. Helfen kann hier gezielte, auf den Aufschluß oder die spezielle Fundschicht bezogene Literatur, Besuche der nächstgelegenen Museen, der Kontakt zu erfahrenen Fossiliensammlern und nicht zuletzt zu wissenschaftlich arbeitenden Fachleuten geologischer Institute.

Schon die Ausbeute weniger Exkursionstage bringt dem Fossiliensammler Fundstükke aus unterschiedlichen Schichten, vielleicht sogar aus verschiedenen erdgeschichtlichen Formationen wie Jura, Kreide, Tertiär. Von jedem Aufschluß liegen

Tafel 55

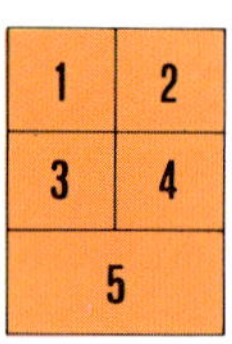

1 Aluminiumfolie dient hier als Unterlage zum Trocknen von mit Lösungen behandelten Pyritammoniten.
2 Fossilplatte in Luftpolstertasche.
3 Mit plastisch verformbaren Massen lassen sich kleinere Fossilien aufrichten.
4 Mit Steinkleber befestigte Öse aus Stahldraht an der Rückseite einer Fossilplatte läßt rahmenloses Aufhängen der Platte zu.
5 Hängeschrank mit Schubladeneinsätzen für kleinere Fossilien.

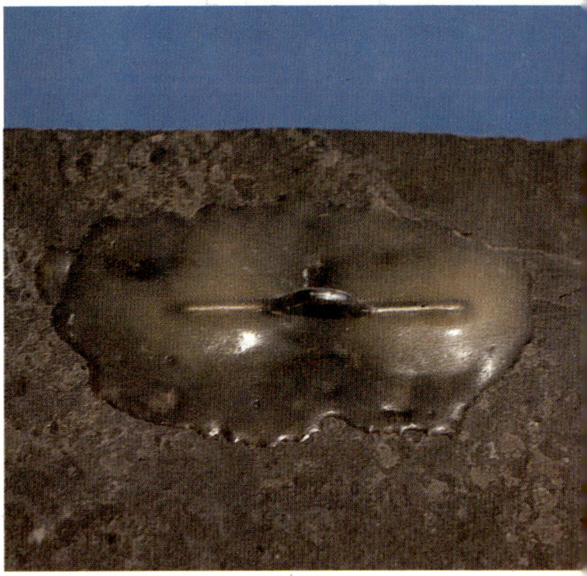

schließlich verschiedene, aufbewahrenswerte Fossilien vor. Während der Fossiliensammler noch nicht präparierte Stücke z. B. in Kartons aufbewahrt, die für bestimmte Aufschlüsse reserviert sind, braucht er nun einen Schrank mit geeigneten Schubladen, um die Fossilien dort nach seinem System zu ordnen.

Am idealen **Ausstellungs- und Sammlungsschrank** hat sich, ausgenommen Material und technische Details, seit 100 Jahren nichts geändert: Für Schaustücke oben ein offenes oder durch Glastüren geschlossenes Regal und darunter ein Glaskasten; als Unterbau dann ein Schrank mit Schubladen, die Höhen zwischen 3 und 10 cm oder entsprechende Einsätze haben können.

Einzelne sehr große Fundstücke stehen dekorativ auf dem Fußboden oder in offenen Regalen. Auch Fossilien wirken am Ausstellungsplatz besser, wenn sie überlegt ein- und angeordnet werden. Größere Stücke gehören nach hinten, kleinere nach vorn. Flachere Fossilien lassen sich mit Hilfe durchsichtiger Plastikwürfel, die kaum auffallen, aufrichten und damit ins rechte Licht rücken. Bei kleineren Fossilien, z. B. Ammoniten, hilft irgendeine, rückseitig angedrückte, verformbare plastische Masse (*55 – 3*). Kleinere Fossilien bringe ich in einem Hängeschrank unter, für den ich entsprechende Schubladeneinsätze verwende (*55 – 5*).

Wer jahrzehntelang Fossilien sammelt und präpariert, wird sich vielleicht ein paläontologisches Privatstudio einrichten. Nicht zum gröberen Präparieren, sondern zusätzlich als Raum für spezielle Untersuchungen, Literaturstudium, Fotoaufnahmen, Fachkorrespondenz und zur Unterbringung seiner Untersuchungsnotizen und -berichte. Dort können dann neben dem Ausstellungsteil Arbeitsplätze auch zum Zusammenstellen spezieller Fossilien für Ausstellungen, Vorträge, Berichte eingerichtet werden und Geräte zum Fotografieren sowie zum Vorführen der Fotos und natürlich ein Literaturschrank stehen. Ein Stereomikroskop zum Untersuchen kleinster Objekte und feinster Details auf den Fossilien gehört dann dazu. Wer nicht alle fertig präparierten Fossilien in seiner Ausstellung zeigen kann, braucht

Abb. 38: Ausstellungs- und Sammlungsschrank.

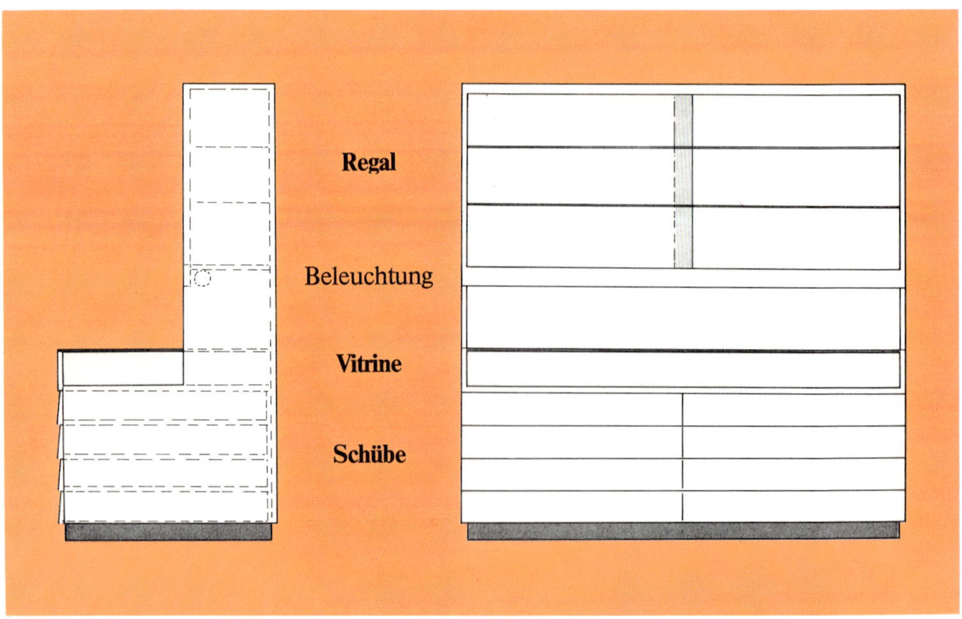

den genannten Schubladenschrank für seine Schätze. Wertvolle und empfindlichere Fossilien auf dünnen Gesteinsplatten, z. B. aus dem Jura des Solnhofener Gebiets, Fische aus dem Rotliegenden des Pfälzer Perm oder Trilobiten im Devonschiefer des Hunsrücks schützt er dann besonders. Er legt Schaumstoff zwischen aufeinandergeschichtete Fossilien, packt wertvolle Stücke in einzelne Kartons oder steckt sie in Taschen aus Luftpolsterfolie (*55 – 2*).

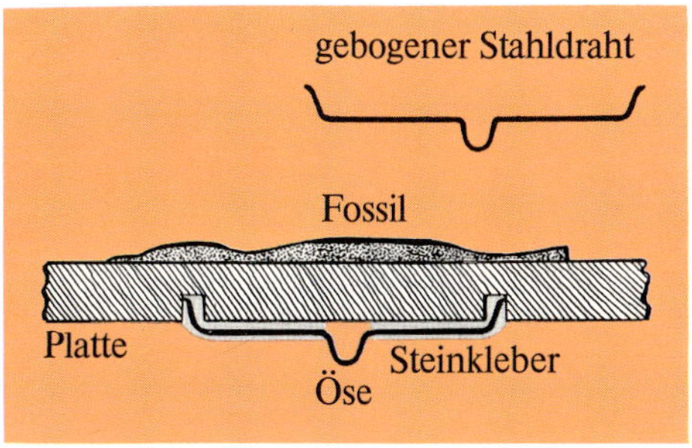

Abb. 39: Öse zum Aufhängen einer Fossiltafel.

Fossilienplatten finden oft keinen Platz im Ausstellungsschrank, weil sie zu groß sind. Warum sollte man sie nicht wie ein Bild an die Wand hängen? Sind die Platten stabil genug, markiert man am oberen Teil der Plattenrückseite den Punkt für die Öse zum Aufhängen. Rechts und links davon werden in etwa 15 mm Abstand etwa 2 – 3 mm breite Löcher gebohrt, ohne dabei auf die Vorderseite durchzustoßen. Aus Stahldraht biegt man dann eine Öse so zurecht, daß ihre Enden in den gebohrten Löchern auf Spannung hineingesteckt festsitzen. Mit Steinkleber (*siehe Seite 130*) werden jetzt die Löcher ausgefüllt und auch die parallel zur Platte gebogenen Ösenteile bestrichen. Meist schon nach 10 Minuten hält die Öse fest (*55 – 4*). Nun kann man noch dafür sorgen, daß die Platte parallel zur Wand hängt. Dazu befestigt man mit einem Weißleim kleine Abstandshalter z. B. aus Styropor in der Stärke der Öse an den 4 Ecken der Plattenrückseite. Auf diese Weise behandelte Platten hängen bei mir seit Jahren an der Wand: Die Platte mit einem Fisch aus Messel (*17 – 2, siehe auch Seite 38*) und Schieferplatten mit Jura-Ammoniten.

Die Heiß-Kalt-Therapie als Präparierhilfe

Die Natur sorgt mit wechselndem Wetter, mit Regen und Trockenheit und mit Kälte und Wärme für den Zerfall der Erdschichten und Gesteine. Dieses als Verwitterung bezeichnete Geschehen zerstört grundsätzlich auch alle an der Erdoberfläche dem Wetter ausgesetzten Fossilien. Der Fossiliensammler darf für sich in Anspruch nehmen, seine Fundstücke vor dem Verfall bewahrt zu haben – bei richtigem Verhalten im Aufschluß auch ohne die Natur zu stören, ohne lebende Tiere und Pflanzen zu vernichten.

Im Frühjahr, wenn die vereisten Hänge mit offenem, fossilführendem Ablagerungsgestein aufgetaut sind und der Regen das lockere Gesteinsmaterial weggespült hat, findet der Fossilienfreund freigelegte Versteinerungen, vor allem auch aus höheren, nicht erreichbaren Schichten herabgefallene Stücke. Die Natur nimmt ihm das mühsame Freilegen von Fossilien ab. Zwangsläufig findet dabei eine Auslese statt: nur feste Fossilien bleiben erhalten.

Hartes Gestein wird durch die Verwitterung brüchig, festes plattiges Gestein läßt sich oft besser spalten, wenn es einmal überwintert. So lassen sich manchmal große, jahrzehntelang herumliegende Gesteinsbrocken leicht aufschlagen und brechen dann auch oft an den Fossiloberflächen auseinander.

Naheliegend ist es, den Verwitterungsprozeß auch als Präparationshilfe zu nutzen, vor allem weil er langsamer, behutsamer abläuft als beispielsweise die Auflösung von Gestein durch Chemikalien. Ein großer, durch Einflüsse vor seiner Einbettung unansehnlich gewordener Ammonit von 30 cm Durchmesser auf einem großen Steinbrokken ließ sich bei mir nach einem Jahr in

Wind und Wetter leicht ablösen und zeigte dann seine Rückseite in makelloser Schönheit (*56 – 1, 2*). Verkieselte Fossilien, insbesondere Korallen, werden durch Regen freigelegt, der das umgebende Kalkgestein auflöst – allerdings oft erst nach mehreren Jahren.
So ist die Suche auf alten Stein-, Schiefer- oder Plattenkalkhalden oft erfolgreicher als harte Arbeit in gleichartigen frischen Gesteinsschichten.
Zu Hause kann man sich bei Platten, die mit Hammer und Meißel nicht aufzuspalten sind, z. B. bei den plattigen Schichten des Randecker Maars (*56 – 3*), durch extremes Erhitzen (im Backofen) mit anschließendem Abschrecken in kaltem Wasser helfen. Auch der umgekehrte Weg, tiefgefrorenes Gestein in heißes Wasser legen, wird praktiziert.
Berufspräparatoren kennen noch andere Wege. Sie erhitzen z. B. Kalkgestein in der Flamme eines Bunsenbrenners, wobei sich das Fossil lockern soll. Tongestein erhitzen sie unter Stickstoffzufuhr in einem Tiegel, damit Pyritverbindungen nicht zerfallen, und schrecken es in Flußsäure ab. Aber auch durch möglichst vollkommenen Austausch der in jedem Gestein enthaltenen Luft gegen Wasser und anschließendes Tiefkühlen erleichtern sich Berufspräparatoren, besonders bei grobkristallinen Kalken, das Präparieren.
Dem Fossiliensammler hilft die Heiß-Kalt-Therapie vor allem, Spannungen in fossilhaltigen Knollen zu erzeugen und sie damit letztlich, oft durch Wiederholen der Prozedur, falls erforderlich auch noch durch einen anschließenden, vorsichtigen Schlag mit Hammer und Meißel aufzuspalten.
Die Sprengwirkung des Eises läßt sich besonders bei kleinen Fossilien nutzen, während größere Fossilien dabei eher z. B. an Gesteinsrissen aufbrechen und zerfallen.

Fossilien kleben

Staunend stehen wir in naturkundlichen Museen und Ausstellungen vor den bis in alle Feinheiten präparierten Tier- oder Pflanzenresten. Meist sehen wir mehrere Gesteinsplatten, die zusammengefügt ein geradezu vollkommenes, wie aus einem Guß wirkendes Fossil tragen. Der Fossiliensammler steht hier beeindruckt vor dem Ergebnis monate- oder jahrelanger präziser Präparationsarbeit. Das macht ihm seine Grenzen bewußt und wird ihn anregen, sich Hilfen bei erfahreneren Sammlern zu holen oder sich, je nach Bedeutung entdeckter Fossilreste, auch an das nächste Geologische Institut zu wenden. Von Vorteil mag dafür die Mitgliedschaft in einer örtlichen oder überregionalen Vereinigung Gleichgesinnter sein. Eine solche ist z. B. die über 10 000 Mitglieder zählende „Vereinigung der Freunde der Mineralogie und Geologie" (VFMG), Blumenthalstr. 40, D-6900 Heidelberg, mit vielen örtlichen Gruppen.
Der Kontakt zu präparationserfahrenen Fachleuten bringt dem Amateur die nützlichsten, weil praktischen Hinweise. Von den fossilen Museumsprachtstücken leitet er aber eine wichtige Erkenntnis ab: Viele, vielleicht die meisten herrlichen Ausstel-

Tafel 56

1 und 2 Unansehnliche Fossilien können herausgewittert ihr schöneres Gesicht auf der Unterseite zeigen: *Homöoplanulites* (30 cm) aus dem Callovium (Dogger Zeta) von Albstadt, Schwäbische Alb.
3 Oft nur durch Heiß-Kalt-Therapie zu trennen: harte, plattige Schichten aus dem Randecker Maar, Tertiär.
4 Grundplatte aus Gips mit *Amaltheus engelhardti* (D'ORBIGNY) (22 cm), Göppingen, Schwäbische Alb.
5 Kleine Fossilien werden im Gipsbett zur Präparation festgehalten.

lungsstücke sind aus mehreren Gesteinsteilen zusammengefügt worden.

Der Fossiliensammler braucht Mut zum Kleben. Besitzt er ihn dank einiger Erfahrung, wird er im Aufschluß auch manches zerbrochene Fossil einpacken. Sehr brüchige oder zerfallene Fossilien kann man kaum, ohne daß sie noch mehr zerbrechen, nach Hause tragen. Da hilft nur Vorbeugen an Ort und Stelle.

Auch für das Festigen von brüchigen oder empfindlichen Fossilien vor oder während des Freilegens im Aufschluß gibt es – wie für die gesamte Präparationstätigkeit – wegen der unterschiedlichsten Fossil- und Gesteinszustände keine Regeln. Die Unterseite des Fossils ist meist besser erhalten, da sie bei der Einbettung besser geschützt war. So kann die oft verwitterte oder schon kurz nach der Einbettung beschädigte, brüchige Oberseite mit Steinkleber, Gips oder Schnellzement gefestigt werden. Später wird die Unterseite präpariert. Gips und Schnellzement können, je nach Zustand des Fossils, entfernt, als Standsockel geformt oder als Grundplatte (*56–4*) erhalten bleiben.

Natürlich läßt sich dieses Verfahren am Präparationsplatz vielfach vorteilhaft nutzen, z. B. zum Präparieren kleiner Fossilien in einem Gipsbett (*56–5*), wobei zunächst die eine und anschließend in einem zweiten Gipsbett die Gegenseite bearbeitet wird. – Gips eignet sich mit Tischlerleimzusatz als Füllmasse für Spalten und zum Ergänzen fehlender Teile an Fossilien.

Geteilt sind die Meinungen darüber, ob ergänzte Teile an Fossilien als solche deutlich sichtbar sein sollten. Für mich gibt es da nur den Weg zum ästhetisch optimalen Fossil: also angepaßtes Ausbessern und Ergänzen von fehlenden Teilen. Klebestellen erkennt man unter Ultraviolettbestrahlung.

Einige Tonmergelzwischenlagen der Juraschichten im Lias Gamma enthalten große Ammoniten (*Lytoceras fimbriatum*) mit von innen nach außen unterschiedlichem Erhaltungszustand. Die Innenwindungen fehlen oder sind als Schalenabdruck im weichen Tonmergel kaum zu retten. Der nächste Teil ist als Steinkern mit den Lobenlinien fest, z. T. pyritisiert erhalten. Schließlich zeigt sich die zusammengedrückte Wohnkammer als Prägesteinkern.

Vorsichtig geborgen und zusammengeklebt konnte dennoch der abgebildete, 40 cm große, in den Innenwindungen grob nachgeformte Ammonit gerettet werden (*57–1*).

Steinkleber gibt es von vielen Herstellern, für industrielle Zwecke und für den Hausgebrauch. Mein häufig gebrauchter Steinkleber und Steinkitt mag morgen, ja vielleicht heute schon durch die fortschreitende Entwicklung verbessert und überholt sein. Der Fossiliensammler braucht im allgemeinen einen Steinkleber, der in 5–10 Minuten so fest bindet, daß er am gleichen Stück weiterarbeiten könnte. Da es sich hier um Zweikomponentenkleber, z. B. aus Kunstharzmasse mit Härterzusatz handelt, kann man den Härtungszeitraum und die Härte selbst durch Verändern des Mischungsverhältnis-

Tafel 57

1	4
2	5
3	6

1 Aus Teilen zusammengeklebt: *Lytoceras fimbriatum* (SOWERBY), (40 cm) mit, weil fehlenden, nachgeformten Innenwindungen; Steinkern mit Lobenlinien und Wohnkammerteil als Prägesteinkern.

2 Geklebtes Plattenkalkstück mit *Leptolepis sprattiformis* (6 cm) und Dendriten aus Manganoxid. Heraustretende Klebereste können, solange sie noch nicht ganz fest sind, entfernt werden.

3 Zerbrechliche Sandplatten mit 3 cm großen Ruhespuren von Schlangensternen, auf der Rückseite durch ein Steinkitt-Sand-Gemisch verstärkt.

4 Mit Mattlack gefestigter, 20 cm großer Tonsteinkern eines *Lytoceras* aus dem Toarcium (Lias Zeta) von Mistelgau bei Bayreuth.

5 Durch Einlegen in Glyzerin gefestigte, 3 cm große Cornaceenfrucht *Tectocarya rhenana* KIRCHHEIM aus miozänen Schichten eines Braunkohleabbaus bei Zülpich.

6 Lackspray muß von ausreichender Entfernung (30–40 cm) aufgesprüht werden, damit Lackanhäufungen – wie hier – vermieden werden.

ses beeinflussen. Ich rate dem Fossiliensammler, die mit dem Kleber gelieferte Gebrauchsanleitung genau durchzulesen, um Fehler zu vermeiden. Während mein Steinkitt nach 10 Minuten fast schlagartig härtet, läßt sich das in kurzer Zeit allmählich härtende Methylmethacrylat mit Härterpulver, z. B. Stabilit Express, noch vor dem endgültigen Aushärten bearbeiten. Klebereste, die zwischen den zusammengefügten Bruchstellen heraustreten (*57–2*), können im halbfesten Zustand mit einem feinen Messer oder einer Präpariernadel leicht und fast ohne Rückstand abgehoben werden.

Dünne, zerbrechliche Sandsteinschichtstücke mit den Liegespuren von Schlangensternen festigte ich auf der Rückseite durch ein Gemisch von Steinkitt mit feinem Quarzsand (*57–3*). Ein Fossilnest in weichem, tonigem Material ließ ich trocknen und bestrich die Rückseite und auch zum Teil die Kanten mit Steinkitt, um das Stück zunächst für die Präparation zu stabilisieren. Wenn Fossilbruchstücke sich fast nahtlos wieder zusammenfügen lassen, hinterläßt der farblose Steinkleber kaum Spuren. Brüche, Risse und ausgebesserte Lücken entstellen mitunter das Gesamtbild des Fossils. Da hilft dem Steinkleber beigemengtes Steinmehl aus dem gleichen Gesteinsmaterial (*siehe auch Seite 120*). Da flüssiger Steinkitt – in Bruchlücken eingestrichen – leicht herausläuft, kann man ihn mit Steinmehl oder mit dem neutralen, extrem hygroskopischen Aerosil-Füllstoff vorher eindicken. Kurz vor dem Verfestigen des Klebers streut man etwas Steinmehl auf Risse und ausgefüllte Stellen und drückt es leicht an.

Nicht immer vertragen Klebestellen anschließendes Abwaschen. Die Klebemasse könnte sich dann vom feuchten Stein ablösen. Ich ziehe vorsichtiges Angleichen der fertigen Klebestellen an die Umgebung, z. B. durch Überbürsten mit einer Bronzebürste, vor.

Viele Fossilien sind schon durch die Steinwerdung, die Fossilisation, in Teile zerlegt worden. Das gilt vor allem für Belemniten, deren Rostren meist nur dann in einem Stück gefunden werden, wenn sie kleiner sind (*53–2*). Bei zerbrochenen Rostren hilft nur Kleben (*Tafel 43*). Bei den großen Exemplaren nimmt das Zusammenkleben von vielleicht mehr als 10 Bruchstücken (*43–3*) schon recht viel Zeit in Anspruch. Man sollte nämlich möglichst nur jeweils eine Klebestelle in Arbeit nehmen, da sich nur ohne Zeitdruck die Stücke exakt und optimal zusammenfügen lassen (*29–3*). Kleinere abgesplitterte Stücke können auch schon im Gelände z. B. mit Sekundenkleber wieder angeklebt werden. Der Vorteil ist, daß man dann zu Hause nicht lange nach den zusammengehörenden Teilen suchen muß.

Die Oberflächen von Fossilien können auch mit Mattlack gefestigt werden. Das gilt z. B. für schalenlose Fossiltonkerne aus weicheren Schichten. Den 20 cm großen Ammoniten aus der Tongrube Mistelgau bei Bayreuth (*57–4*) ließ ich langsam austrocknen, bevor ich ihn auf diese Weise vor dem Zerfall rettete.

Konservieren und Präparieren mit chemischer Hilfe

Seit Generationen tränken oder bepinseln Fossiliensammler herauspräparierte Funde mit Zaponlack, um sie zu konservieren. Fachpräparatoren raten bei instabilen Fossilien vom Zaponlacküberzug ab wegen seiner noch relativ hohen Luftdurchlässigkeit. Sie verweisen auf moderne Kunststoffe, die in immer zahlreicheren Varianten angeboten werden. Probieren geht hier über Studieren. Legen Sie sich jedoch in jedem Fall ein Fläschchen Zaponlack und etwas Aceton als Verdünnung aus der nächsten Drogerie zu. Schellack ist, wegen seines dichteren Flächengefüges, das Geheimrezept vieler Amateurpräparatoren. Er wird schon seit Generationen, insbesondere für pyritisierte Fossilien, verwendet. Ich nehme seit Jahren 1 Teil Schellacklösung mit 3 Teilen Zaponlack und 4 Teilen Aceton als Verdünnung zum

Schutz meiner kleinen pyritisierten Ammoniten, die ich dann noch in Plastikschachteln feuchtigkeitsgeschützt aufbewahre.
Viele Fossilien bedürfen keiner besonderen Konservierung. Schutzbedürftig sind meist Ausnahmefälle, wie z. B. poröse Knochen oder mürbe Mammutzähne, deren Kalkanteil im Laufe der Zeit herausgelöst wurde. Langsames Trocknen, Vermeiden von direkter Sonnenbestrahlung und zusätzliches Konservieren können diese mürben Fossilien wieder haltbar machen und gegen weiteren Verfall schützen.
Ein traditionelles Konservierungsmittel ist Tischlerleim bzw. Holzkaltleim, der mit Wasser dünnflüssig angerührt, so lange auf die – der besseren Austrocknung wegen vorgewärmten – Fossilstücke gepinselt wird, bis sich das Fossil damit vollgesogen hat. Die zunächst milchige Flüssigkeit nimmt beim Trocknen ein neutrales Aussehen an und macht das Fossil feuchtigkeitsunempfindlich.
Als gutes Konservierungsmittel für leicht zerfallende Knochen und bergfeuchte tertiäre Früchte wird ein längeres Bad oder regelrechtes Einlegen in Glyzerin empfohlen (*57–5; 59–1*).
Es gibt moderne Kunstharze, die sehr schnell härten und damit das Weiterpräparieren am gleichen Stück ermöglichen. Andere binden erst nach etwa einer Stunde steinhart und eignen sich so besser für das zeitaufwendige Zusammenfügen vieler Einzelstücke zu einem Ganzen, z. B. in einem Sandbett. Zum luftdichten Eingießen von zerbrechlichen oder vor dem Zerfall zu schützenden Fossilien eignen sich Kunstharze ebensogut wie zum Abgießen, d. h. zum Herstellen von Fossilduplikaten. Seltene oder typische Fossilien können auf diese Weise für den Unterricht, für Ergänzungen von Sammlungen oder einfach für Liebhaber optisch nahezu perfekt nachgebildet werden.
Hohlformen von Fossilien kann man heute mit Silikonkautschuk, einer geschmeidigen Gieß-, Streich- oder Knetmasse, die mit einem Härter angerührt wird, ausfüllen. Diese Masse trennt sich von den dichten Gesteinsoberflächen und bleibt elastisch. Früher benutzte man dafür Plastilin, Gips oder Guttapercha, das im warmen Zustand elastisch bleibt.
Mit Kunstharzen gelang es auch, Fossilien in einem zuvor nicht für möglich gehaltenen vorzüglichen Zustand aus den eozänen Ölschiefern herauszupräparieren. Das dabei angewandte Verfahren wurde durch Fossilienfreunde mit viel Erfolg benutzt und auch weiterentwickelt. Über meine eigenen Erfahrungen damit berichte ich auf Seite 36. Ein Verfahren, das auch zur Präparation bisher schwierig zu bergender Fossilien aus ähnlichen oder anderen Schichten eingesetzt werden oder hinführen kann.

Tafel 58 (Seite 134)

Wie Pastellkreide liegen die zarten Farbreste von *Podozamites lanceolatum* GÖPPERT in den Schichten von Sandtonlinsen bei Kulmbach. Mit Mattlackspray gefestigt. Jura Rätolias, Ausschnitt ca. 14 x 10 cm.

Tafel 59 (Seite 135)

1 Miozäner Pinienzapfen *Pinus brevis* LUDWIG (5 cm) aus dem Braunkohletagebau Victor bei Zülpich.
3 Zu den Besonderheiten der Kreidezeit zählen die turmförmigen, ammonitenähnlichen Turriliten; hier ein 7 cm großes Fundstück von *Turrilitoides saxonicus* aus den Kreidekalken des Turon von Groß-Elbe bei Baddeckenstedt.
2 und 4 Freigelegter, durch Meißelspuren gezeichneter Ammonit *Sonninia sowerbyiadicroides* HILTERMANN, 17 cm. Nach Einreiben mit Gesteinsmehl und Fluat wird daraus ein ansehnliches Ausstellungsstück. Bajocium (Dogger Gamma) Nenningen, Schwäbische Alb.

Man kann auch Fossilien aus dem Solnhofener Plattenkalk mit Kunstharz fixieren und die darüberliegende Kalkschicht mit 5 %iger Essigsäurelösung auflösen. Dabei verbleibt schließlich der Fossilrest auf dem Kunstharz. Auf diese Weise präpariert, zeigt das Fossil beide Seiten.

Auch zum Stabilisieren zarter Fossilien oder leicht verwischbarer, oft hauchdünner Fossilreste oder Fossiloberflächenstrukturen gibt es kein Geheimrezept. Dennoch besitzt jeder fortgeschrittene Sammler und erst recht jeder beruflich tätige Präparator ein solches Wundermittel. Was für Kreidezeichnungen gut ist, mag auch für ebenso empfindliche Fossilien recht sein: Fixativ. Heute bequem aus Spraydosen anzuwenden, bindet es nicht nur das feine Pastellkreidepulver einer Skizze, sondern auch feinste Fossilreste.

Pflanzenreste aus den berühmten miozänen Öhninger-Blattschichten (*Tafel 11; 36–3*), erst recht die aus feinstem Kohle- oder Gesteinspulver bestehenden, hauchdünnen Pflanzenreste des Rätolias des Bayreuth/Kulmbacher Raumes (*Tafel 58; 36–1*) und natürlich Fossilien auf Solnhofener Plattenkalken (*Tafeln 22; 23; 24*) können mit Fixativ-Spray oder mit einem Mattlack-Spray leicht und bequem gefestigt werden (*siehe auch Seite 24 und 48*).

Allgemein bekannt dürfte sein, daß man Spraydosen wegen der Explosionsgefahr nicht in die Sonne oder auf die Heizung stellen sollte. Unser Lackspray oder Fixativ könnte darüber hinaus noch giftig sein. Wie beim Haarspray gilt es auch für Lackspraydosen und Fixativ, den Sprühabstand von etwa 30 bis 40 cm einzuhalten. Zu nahe – zuviel Lack: schade drum (*57–6*)!

Erproben Sie neue Mittel zuerst an Abfallstücken. Bald werden auch Sie Ihr Geheimrezept entdecken und hoffentlich dann Ihren Sammlerfreunden mitteilen, vielleicht als Dank für manche erhaltene Hilfe.

An fertigen, größeren Fossilien im Kalkgestein erkennt man oft die Spuren des eigenen Präparationsfleißes: deutlich hellere Stellen, die die Freude an dem Stück schmälern (*59–2*). Zweifellos kann dann ein Fluatsteinpflegemittel die gute Laune wiederherstellen. Fluat verändert die Fossiloberfläche und hinterläßt eine matte oder glänzende Wachsschicht. Farbunterschiede werden dabei weitgehend ausgeglichen, das Fossil gefällt besser (*59–4*).

Fachpräparatoren raten vom Fluatieren ab bei kleinen Fossilien, z. B. unter 5 cm Größe, bei feinen Oberflächenzeichnungen und erst recht bei mikroskopisch erkennbaren Feinstrukturen, weil Fluat nivelliert und in solchen Fällen damit auch zerstört.

Gute Ergebnisse erzielt man auch durch mehrmaliges Einwachsen mit Hartwachs oder Autowachs. Bei pyritisierten Oberflächen verwende ich kein Fluat, es scheint mir das „Ausblühen“ von Fossilien (*13–4*), d. h. den Zerfall von Pyrit (FeS_2) in Schwefelsäure, Eisenoxide und weißes, pulvriges Eisensulfat zu begünstigen (*siehe auch Seite 30 und 32*).

Bevor der Fossiliensammler die eigentliche „Chemische Präparation“, das Zersetzen und Umwandeln von Gestein, anwendet, sollte er schon spezielle Fachliteratur auswerten und/oder noch besser sich die Erfahrungen von darin Geübten zu eigen machen. Es ist ja nicht ungefährlich, mit Säuren und Laugen zu hantieren. Gummihandschuhe, Schutzbrille und vielleicht auch Atemschutz durch Frischluftzufuhr oder geeignete Atemfilter sind neben der grundsätzlichen Vorsicht dringend zu empfehlen.

Unter allen möglichen Verfahren tritt bei Fossiliensammlern das Herausätzen von verkieselten, d. h. aus Kieselsäure bestehenden Fossilien aus Kalkgestein durch verdünnte Salzsäure oder Essigsäure in den Vordergrund (*siehe auch Seite 44*).

Aus Kalken und aus Mergel, d. h. aus Gestein mit hohem Kalkanteil, lassen sich durch Salzsäure nicht nur verkieselte, sondern auch verkieste, d. h. pyritisierte Fossilien herauslösen. Die unterschiedliche, chemische Beschaffenheit von Fossil und Umgebung gibt die Grundlage für den Einsatz

von Chemikalien zum Auflösen des harten, das Fossil einschließenden Gesteins.
Auf die Verwendung von Flußsäure (Fluorwasserstoffsäure, HF) zum Freilegen von pyritisierten oder verkalkten Fossilien aus Kieselschiefer, Quarziten und kalkfreien Schiefern sollten Fossiliensammler wegen der dabei auftretenden, schädlichen Dämpfe verzichten, es sei denn, der Arbeitsplatz hat eine geeignete Absaugvorrichtung.
Das Freilegen von pyritisierten, verkieselten, aber auch von kalkigen Fossilien aus hartem Ton oder Mergel kann durch Ätzkali (Kalilauge, KOH) erleichtert werden. Feinstrukturierte Fossiloberflächen reinigt man damit oft zweckmäßiger als mit mechanischen Mitteln. Heiße Ätzkalilösung wirkt schneller und erleichtert das Auflösen von durch Kalk verfestigten Sandkörnchenschichten, wie sie z. B. im süddeutschen jüngeren Tertiär häufig anzutreffen sind.
Man kann die chemische Auflösung von Gesteinen nicht nur zum Freilegen größerer, der „Makrofossilien", sondern auch zum Sammeln von Kleinstfossilien, der Mikrofossilien, nutzen: Durch chemische Vorgänge aufgelöste Gesteine geben in einer Art Gesteinsbrei ihre „Minifossilien" frei.

Mikrofossilien freipräparieren

Feiner Gesteinsbrei wird durch verschiedene Siebe mit immer kleineren Maschen und schließlich sogar durch feinste Filter gegeben, in denen die Mikrofossilien hängenbleiben. Mit Hilfe von entsprechend vergrößernden Lupen (50fache Vergrößerungen sind ausreichend) oder eines Stereomikroskops erhält man dann einen Überblick über die darin vorhandene Mikrofauna, die Kleinstlebewelt.
Wer einmal Gold gewaschen hat, kennt neben dem Sieb die Schale zum Ausschlämmen leichteren Materials. Der Mikrofossiliensammler macht es ähnlich. Er vermischt feinere Gesteinsmasse in einem Gefäß mit Wasser. Leichtere Teile schweben, schwerere setzen sich ab. Durch Abgießen können so Mikrofossilien ausgeschlämmt werden.
Mikroskopisch kleine Fossilien können durch Dünnschliffe, d. h. 2–3 Zehntelmillimeter dünne, durchsichtige Scheibchen von Fossilien oder Gesteinen, im durchfallenden Licht unter dem Mikroskop untersucht, erkannt und bestimmt werden. Diese Untersuchungsmethode ermöglicht heute vertiefte Einblicke in die Zusammensetzung und Struktur sowohl von Mikro- wie auch von Makrofossilien.
Das Erforschen der Kleinstlebewelt der Urzeit brachte und bringt mit neuen speziellen Geräten und mit dem Fortschritt der Technik im allgemeinen neue Erkenntnisse und natürlich auch Fortschritte in den Präpariertechniken. Der Sammler von Kleinstfossilien und der mikropaläontologisch forschende Leser findet weiterführende Hinweise in der Literaturübersicht.

Gefahren und Schutzmöglichkeiten

Wer mit Steinen umgeht, muß sich selbst vor ihnen schützen. Diesen Satz in einem Buch über das Präparieren zu lesen mag überraschen, dreht sich doch hier alles um das Fossil. Da das Präparieren schon beim Bergen der Versteinerung beginnt, muß ich zwangsläufig noch einmal zusammenfassend auf die Gefahren aufmerksam machen, die dem Fossiliensammler im Aufschluß drohen können und denen er sich und andere, mitunter unbewußt, aussetzt. Ich schreibe hier auch im Gedenken und Sinne meines Freundes Günter Löchl, der mir als Fossiliensammler mit beispielhaftem Verhalten in Erinnerung bleibt und der doch im Frühjahr 1977 mit einem französischen Freund bei der Fossilsuche verschüttet wurde.
Unterschätzen wir die Gefahren nicht, die auf uns von überhängenden Gesteinen zukommen können – ob wir uns darauf oder darunter befinden. Oft werden tiefe Höhlen gegraben oder weiche Hänge unterhöhlt. Diese Löcher bleiben meist nicht nur als

häßliche Wunden im Gelände zurück, sie locken den Nächsten, dort weiterzugraben, wo sein Vorgänger mit Glück großer Gefahr entrann. Absperren des Geländes durch die Eigentümer und Sammelverbot sind die Folgen. Seit über einem Jahrhundert bekannte Fundstellen, wie z.B. die Ermінger Turritellenplatte bei Ulm, gehen so dem vernünftig sammelnden Fossilienfreund, der seinen Aufschluß ordentlich im Aussehen und ohne Gefahren für den Nachfolger verläßt, verloren.

Bei der Fossilsuche an Berghängen können schon kleine herabstürzende Steine lebensgefährliche Verletzungen verursachen. Hier ist ein Schutzhelm zu tragen, den es unter anderem beim KOSMOS-Service gibt und der zur Exkursionsausrüstung gehört. Dennoch ist Vorsicht beim Fossiliensuchen oberhalb oder unterhalb anderer Sammler geboten, weil herabstürzendes Gestein zu häßlichen Verletzungen führen kann.

Schutz braucht der Fossiliensammler für die Hände (*60–1*). Mit groben, festen Handschuhen faßt er Gestein und Meißel im Aufschluß und zu Hause an und schützt sich so vor Splittern und vor Verletzungen durch scharfe Steinspitzen und Kanten. Vor Lösungsmitteln und Säuren schützt man die Hände durch Gummihandschuhe. Ich empfehle in jedem Fall, eine Erste-Hilfe-Ausrüstung mitzunehmen und auf regelmäßige Tetanusimpfung zu achten.

Wer Steine bearbeitet, muß unbedingt auch seine Augen schützen, aber auch darauf achten, daß niemand in seiner Nähe durch abspringende Steinsplitter gefährdet wird. Wie wichtig das ist, zeigt meine Brille, die durch Gesteinssplitter gezeichnet ist. Schutzbrillen sehen heute aus wie normale Brillen. Natürlich trägt man die Schutzbrille auch dann, wenn den Augen andere Gefahren drohen, z.B. wenn ätzende Lösungen spritzen könnten (*siehe auch Seite 136*). Gegen die giftigen Dämpfe von Lösungs- und Steinpflegemitteln, z.B. von Fluaten, gibt es nur einen Schutz: frische Luft. Am besten nur im Freien damit hantieren!

Man tut gut daran, außer sich selbst, seinen Nächsten und sein Fossil, auch sein Werkzeug zu schützen. Ich meine jetzt nicht nur den möglichst fachgerechten Umgang mit Meißel, Hammer oder Messer, sondern den Schutz vor Verlust, vor langem Suchen im Aufschluß. Besonders dann, wenn das Werkzeug mit feuchtem Ton oder Mergel verschmiert kaum noch auszumachen ist oder einmal einen Hang hinunterfällt. Ich verlor schon mehrfach Werkzeuge, fand aber ebenso – leider andersartiges – Werkzeug anderer Fossiliensammler. Seit ich meine Geräte mit Signalfarben, signalfarbigen Klebebändern oder Reflexfolie kennzeichne (*60–2*), entdecke ich sie im Aufschluß schneller und verliere sie – hoffentlich – nicht mehr.

Zwar nehme ich mir im Aufschluß stets vor, meine Werkzeuge nach Gebrauch immer auf die gleiche Stelle, z.B. auf eine Zeitung oder einen leeren Tragebeutel zu legen – im spannenden Moment aber sind solche guten Vorsätze schnell vergessen.

Die in diesem Buch genannten Präparierhilfsmittel gibt es in einer Reihe von Spezialgeschäften. Hinweise auf solche Firmen finden Sie unter anderem im Anzeigenteil der monatlich erscheinenden Zeitschrift KOSMOS. Einen Großteil der Arbeitshilfsmittel besorgt der KOSMOS-Service, Abt. 71, Postfach 640, 7000 Stuttgart 1.

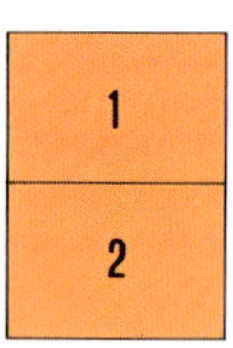

Tafel 60

1 Derbe Handschuhe schützen vor Gestein, Gummihandschuhe vor gefährlichen Flüssigkeiten und Klebemitteln.
2 Mit farbigen Folien markiertes Werkzeug verliert man nicht so leicht.

STEINPFLEGE
RUBIN
FLUAT
REINIGT

Die Erdzeitalter für Tiere und Pflanzen

Tiere (Fauna)		Formation	Pflanzen (Flora)	
Zeitalter	vorherrschend	Mio Jahre	vorherrschend	Zeitalter
		2		
Erdneuzeit Känozoikum	Säuget., Vögel	Quartär	Blütenpflanzen	Känophytikum
		Tertiär		
		65		
Erdmittelalter Mesozoikum	Saurier, Ammoniten	Kreide	Nacktsamer (insb. Nadelhölzer)	Mesophytikum
		137		
		Jura		
		195		
		Trias		
		225		
Erdaltertum Paläozoikum	Lurche	Perm		Pteridophytikum
		280		
		Karbon	Nacktfarne, Sporenpflanzen	
		345		
	Fische	Devon		
		395		
		Silur		
		440		
	Trilobiten	Ordovizium	Algen	Algophytikum
		500		
		Kambrium		
		570 Mio Jahre		
		Präkambrium		

Literatur

ARBEITSKREIS deutscher Mikropaläontologen: Leitfossilien der Mikropaläontologie. 2 Bde. Borntraeger, Berlin 1962

BEURLEN, K.; GALL, J.-C.; SCHAIRER, G.: Die Alb und ihre Fossilien. Franckh, Stuttgart 1978

BEURLEN, K.: Geologie. Die Geschichte der Erde und des Lebens. Franckh, Stuttgart 1978

BEURLEN, K.: Welche Versteinerung ist das? Franckh, Stuttgart 1975

BEURLEN, K. und LICHTER, G.: Versteinerungen. Steinbach Naturführer. Mosaik, München 1986

BRINKMANN, R.: Abriß der Geologie. Band 1: Allgemeine Geologie, neu bearbeitet von Zeil, 1984; Band 2: Historische Geologie, neu bearbeitet von Krömmelbein. Enke, Stuttgart 1977

DABER, R. und HELMS, J.: Das große Fossilienbuch. Neumann-Neudamm, Melsungen 1978

Die Entwicklungsgeschichte der Erde. Dausien, Hanau 1985

FLEISSNER, H.; RÖDIGER, A.: Das ewige Meer. Rezente und fossile Meerestiere. Franckh, Stuttgart 1984

FOSSILIEN. Zeitschrift für Hobbypaläontologen. Goldschneck-Verlag, Korb

Fossilien sammeln – bergen – präparieren – konservieren – magazinieren – ausstellen. Hrsg. Landesstelle für Museumsbetreuung Baden-Württemberg und Museumsverband Baden-Württemberg (Museumsmagazin). Theiss, Stuttgart 1983

FRAAS, E.: Der Petrefaktensammler. Unveränderter Neudruck. Franckh, Stuttgart 1978

GEYER, O. F.: Grundzüge der Stratigraphie und Fazieskunde. Band 1: Paläontologische Grundlagen I. 1973. Band 2: Paläontologische Grundlagen II. Schweizerbart, Stuttgart 1977

GEYER, O. F. und GWINNER, M. P.: Einführung in die Geologie von Baden-Württemberg. Schweizerbart, Stuttgart 1968

GÜRICH, G.: Leitfossilien, No. 1: Die Trilobiten des Ober-Devon, Karbon und Perm. 1975. No. 2: Rugose Korallen des Devon. Bornträger, Berlin 1978

HANTKE, R. Die fossilen Eichen und Ahorne aus der Molasse der Schweiz und von Oehningen (Süd-Baden). Naturforschende Gesellschaft, Zürich 1964

HAUBOLD, H. und KUHN, O.: Lebensbilder und Evolution fossiler Saurier. Ziemsen, Wittenberg 1977

HAUBOLD, H.: Die fossilen Saurierfährten. Ziemsen, Wittenberg 1974

HAUFF, B.: Das Holzmadenbuch. Rau, Öhringen 1960

HENNINGSEN, D.: Einführung in die Geologie der Bundesrepublik Deutschland. Enke, Stuttgart 1981

Herder Lexikon: Geologie und Mineralogie. Herder, Freiburg 1979

HESS, H.: Die fossilen Echinodermen des Schweizer Jura. Naturhistorisches Museum, Basel 1975

HÖLDER, H.: Jura. Band IV des Handbuches der Stratigraphischen Geologie. Enke, Stuttgart 1964

KNEIDL, V.: Hunsrück und Nahe. Geologie, Mineralogie und Paläontologie. Franckh, Stuttgart 1984

KRÜGER, F.: Geologie und Paläontologie: Niedersachsen zwischen Harz und Heide. Franckh, Stuttgart 1983

KRÖSCHE, O.: Erlebte Urzeit. Theiss, Stuttgart 1984

KRUMBIEGEL, G. und KRUMBIEGEL, B.: Fossilien der Erdgeschichte. Enke, Stuttgart 1981

KRUMBIEGEL, G.: Die tertiäre Pflanzen- und Tierwelt der Braunkohle des Geiseltales. Ziemsen, Wittenberg 1959

KUHN, O.: Die Tierwelt des Solnhofener Schiefers. Ziemsen, Wittenberg 1971

KUHN, O.: Lehrbuch der Paläozoologie. Schweizerbart, Stuttgart 1949

LEHMANN, U.: Ammoniten. Enke, Stuttgart 1976

LEHMANN, U.: Paläontologisches Wörterbuch. Enke, Stuttgart 1985

MÄGDEFRAU, K.: Paläobiologie der Pflanzen. Fischer, Stuttgart 1968

MAYR, H.: Fossilien. Über 500 Versteinerungen in Farbe. BLV, München 1985

MEYER, W.: Geologischer Wanderführer Eifel. Franckh, Stuttgart 1983

MOODY, R.: Fossilien erkennen. Franckh, Stuttgart 1979

MURAWSKI, H.: Geologisches Wörterbuch. Enke, Stuttgart 1983

PAPE, H.: Der Gesteinssammler. Franckh, Stuttgart und Ott, Thun 1978

QUENSTEDT, F. A.: Die Ammoniten des Schwäbischen Jura. Reprint. Bd. I: Der Schwarze Jura (Lias); Bd. II: Der Braune Jura (Dogger); Bd. III: Der Weiße Jura (Malm). Schweizerbart, Stuttgart 1973

RICHTER, A. E.: Geologie und Paläontologie. Das Mesozoikum der Frankenalb. Vom Ries bis ins Coburger Land. Franckh, Stuttgart 1985

RICHTER, A. E.: Fossilien zum Sammeln. Franckh, Stuttgart 1980

RICHTER, A. E.: Handbuch des Fossiliensammlers. Ein Wegweiser für die Praxis und Führer zur Bestimmung von mehr als 1300 Fossilien. Franckh, Stuttgart 1981

ROTH, H. J.: Siegerland, Westerwald, Lahn und Taunus. Geologie, Mineralogie und Paläontologie. Franckh, Stuttgart 1983

ROTHE, H. W.: Kleine Versteinerungskunde. Hallwag, Stuttgart 1971

SCHLEE, D. und GLÖCKNER, W.: Bernstein. Heft 8, Stuttgarter Beiträge zu Naturkunde. Staatl. Museum f. Naturkunde, Stuttgart 1978

SCHLEGELMILCH, R.: Ammoniten des süddeutschen Lias. Fischer, Stuttgart 1976

SCHLEGELMILCH, R.: Die Ammoniten des süddeutschen Doggers. Fischer, Stuttgart 1985

THENIUS, E.: Versteinerte Urkunden. Die Paläontologie als Wissenschaft vom Leben in der Vorzeit. Springer, Berlin/Heidelberg 1981

VANGEROW, E. F.: Mikropaläontologie für jedermann. Bestimmung und Bearbeitung von Kleinfossilien. Franckh, Stuttgart 1981

WELLNHOFER, P.: Dinosaurier. Naturwiss. Rundschau 11, Stuttgart 1977

WOOLLEY, A. R., BISHOP, A. C. und HAMILTON, W. R.: Der Kosmos Steinführer, Franckh, Stuttgart 1977

ZIEGLER, B.: Einführung in die Paläobiologie. Teil I: Allgemeine Paläontologie. 1980. Teil II: Spezielle Paläontologie. Schweizerbart, Stuttgart 1983

ZIEGLER, B.: Leitfossilien und Faziesfossilien. Naturforsch. Ges., 108, Zürich 1963

Register

Fettgedruckte Seitenzahlen weisen auf Farbbilder hin